人類はどこで
のか

誌

中村桂子
JT生命誌研究館名誉館長

819
中公新書ラクレ

はじめに――本来の生き方を求めて

まず「べつの道」として考える

「今、目前にある現実がすべてではない。もっと全く違った別の道があるかも知れない」。紬織《つむぎおり》の重要無形文化財保持者で文化勲章受章者の志村ふくみさんが最近出されたエッセイ集『野の果て』(岩波書店)にある言葉を見て、同じことを考えていると思い、心強くなりました。志村さんはその前に「人類が手仕事をしなくなれば滅びるのではないだろうか」と問うています。染色では、頭より先に手が色を選んでいるとのこと。身体あっての人間であり、外との関わりはそこにあるのです。手が考えるということは、お料理などの日常でも感じます。「滅びる」という言葉は大げさな告発でも脅しでもなく、日常の作業の中からつぶやきとして出てきたのです。

「別の道」という言葉を見て頭に浮かんだのが、レイチェル・カーソンです。1962年ですから60年以上前に発表した『沈黙の春』の中に「べつの道」という言葉がありました。当時アメリカで合成殺虫剤が規制なく大量に用いられていることに疑問を抱き、これでは春が来ても鳥は鳴かず、ミツバチの羽音もしない町がそこここに現れるのではないかと懸念する気持ちを書いた本です。海洋研究所や漁業水産局、野生生物局ではたらいたカーソンは、生きもの大好きの優しい女性であり、科学を理解しながらも、薬品による自然の制圧は無理であるという実感を率直に語っています。けれども当時は、まだ科学の力を無条件に信じる人が多く、化学企業からは商売を邪魔するとんでもない輩《やから》と扱われ、大変な苦労をします。日本でもすでに水俣病が問題になっていた時期であり、カーソンの指摘は決して大げさではなかったのですが。

『沈黙の春』(新潮文庫)の最後に「べつの道」という章があります。

「私たちはいまや分れ道にいる」「長いあいだ旅をしてきた道は、すばらしい高速道路で、すごいスピードに酔うこともできるが、私たちはだまされているのだ。その行きつく先は、禍《わざわ》いであり破滅だ」。激しい言葉ですが、当時はこのくらいきっぱり言わなければならなかったのでしょう。

カーソンは殺虫剤を使わず、害虫のオスを不妊化することで群れを死滅させる生物学的コントロールはすばらしいと評価します。生命科学が進歩し、このような試みはなされるようになりましたが、生命操作にはそれなりの難しさがあり、しかも人間の都合で操作をしてよいのかという難問もあります。生物学的コントロールという言葉は安易に用いることはできないと今ではわかっています。カーソンを非難しているのではありません。当時の科学者としてよく考えた結果出した答えですが、科学や技術が進歩した今、少し違う考え方が求められているのです。こうして皆でよりよい答えを探していく他ありません。私たちも、歴史の一段階にいるのであり、絶対の正解ではないと思いながら考えていきます。

カーソンは、生きものを愛し、人間を愛するすばらしい人でした。その後、小さな甥のために書いた『センス・オブ・ワンダー』を読めば、カーソンの本質がわかります。あらゆる子どもは「神秘さや不思議さに目を見はる感性」を持っているのだから、それを大切にしようと語る優しさにみちたすばらしい本です。

志村ふくみさんとレイチェル・カーソンに共感しながら、自然との関わりを考えていきます。今や論理とデータの時代ですが、ここにあるのは自然に接して得られる感性、つまり、具体的に自身の感覚で自然と直接関わり合っての実感です。お二人から「べつの道」という言葉が生まれたのは偶然ではありません。お二人はたまたま女性ですが、このような感性を持つ男性ももちろんいます。たとえば詩人のまど・みちおさんの詩にはカーソンと重なる小さな生きものたちへの愛情が溢れています。べつの道を求める気持ちも見えてきます。

実は同じような考えが、男性の研究者にも見出せます。ゴリラの研究者、山極壽一《やまぎわじゅいち》さんは、『レジリエンス人類史』（京都大学学術出版会）の中で「人類はどこかで間違ったかもしれない、という自省」として、「人間が拡大してきた環境の改変によって地球が壊れ始めているからです。環境だけではありません。人間の社会も近年トラブルが続出して、複雑で多様な暴力に悩まされています。ここで一度立ち止まって、これまでの文明のあり方を見つめ直してみる必要があるのではないか」と書いています。

文明科学という大きなテーマに取り組んでいる大橋力さんは、もう少し厳しい言葉です。「〈近現代科学技術〉という文明によって、それ自体を含むあらゆる文明を、さらにもろもろの文明を搭載したこの惑星それ自体までを道づれにして、壊滅に導きつつあります。至上の文明を誇ってきた〈近現代文明〉が犯しつつある、この例えようのない理不尽は、許容も承服もできません。文明化を図ったホモ・サピエンスがどこかで、気づくことなく道を踏み違えた疑いを否定できないのです」（『科学』岩波書店、２０２０年2月号）

お二人は、自然科学に基づいて人間や社会の問題を広く深く捉えている研究者ですが、ともにどこか間違ったという言葉を発しており、求めているのはやはりべつの道です。

どなたも人間をダメな奴とは思っていません。人間は好きだし、すばらしい力を持っていると評価しています。これまで歩いてきた道を全否定するものでもありません。でも、どうもおかしなところへ入り込んで間違った道を歩いているので、見直そうというところは一致しています。その仲間の一人として、わたしも生命誌（40億年の歴史を持つ生きものたちの歴史の中に人間を置く）という専門を踏まえて、べつの道を探します。

世界観

べつの道を探すにあたって、大事なのは世界観です。実は『沈黙の春』にもカナダの昆虫学者の「私たちは、世界観をかえなければならない。人間がいちばん偉い、という態度を捨て去るべきだ」という言葉が引用されています。

世界観とは何か。哲学者の大森荘蔵《しょうぞう》先生が教えて下さった言葉を書きます。

「元来世界観というものは単なる学問的認識ではない。学問的認識を含んでの全生活的なものである。自然をどう見るかにとどまらず、人間生活をどう見るか、そしてどう生活し行動するかを含んでワンセットになっているものである。そこには宗教、道徳、政治、商売、性、教育、司法、儀式、習俗、スポーツ、と人間生活のあらゆる面が含まれている」(『知の構築とその呪縛』ちくま学芸文庫)と。そして、人間を機械のように見る科学技術文明は「機械論的世界観」を持っているのが問題だと指摘されます。当初、科学が人間を機械として見ると言った時の機械は、時計でした。それも、ねじを巻いて歯車が動く時計です。現在は、コンピュータがあります。機械論で考える人は、神経系のはたらきをコンピュータと同じと捉え、その結果、いつかＡＩ(人工知能)は人間を超える時が来ると考えます。

わたしは「生命誌的世界観」を持っています。「人間は生きものである」という科学が明らかにした事実を踏まえた世界観です。この世界観ではＡＩと人間はまったく別のものであり、ＡＩが人間を超えることはありません。人類誕生以来、機械論的世界観が生まれるまでの世界観は生命論でした。ただここで考えたいのは昔に戻るのではなく、科学を生かした新しい生命論です。

べつの道と言わず、本来の道へ

自然をよく見て、人間の生き方を考えている方たちが、科学技術に支えられた現代文明の中での生きにくさを感じ、これが続くのは難しいとしてべつの道を探そうとしており、そのような道を探るには世界観の転換が必要であるというところまできました。わたしは「地球上には多様な生きものが暮らしており、それらはすべて40億年の歴史を持っていること、そして人間は生きものの一つであること」というところから出発する「生命誌」を提唱していますので、ここでは、生命誌から生まれる生命誌的世界観を呈示していきます。

それは、「べつの道」というより「人間の本質を見つめ、本来歩むはずの道」を探すことになります。今の道を進むのは難しいようなので、べつの道を探すのではなく、本来歩くはずの道を選択しそびれたのだから、「生きものである人間としての本来の道」を探すのです。

生きものと地球は手強い

地球上に暮らす多様な生きものの一つであるヒトが、人間として他の生きものとは違う道を歩き始めたのは「農耕」を始めた時からです。ここから自然の中で暮らしながらも自然を支配するという気持ちが生まれ、それがどんどん強くなってきたのです。そしてその気持ちが現代の科学技術、機械論へとつながりました。

つまり本来の生き方を探すとしたら、現在の道への始まりと言える「農業革命」(今から1万年ほど前)から考え直す必要があります。ところで、このような考え直しは、今だからこそできるのです。

科学……ここで中学・高校時代の理科を思い出して下さい。物理、化学、生物、地学がありました。科学による自然の理解は物理学から始まりました。ニュートンの力学と光学がその典型です。電磁気学などもありました。それらを基にした工学が社会の進歩を支えてきました。とてもわかりやすく、すっきりした世界です。自動車、新幹線、ジェット機、コンピュータなど今では日常です。化学も物理学と同じようにすっきりしています。元素は周期表に従って予測通りの性質を示し、予測通りの反応をします。そこで生まれたさまざまな物質が衣や住を豊かにしてくれました。エネルギーや資源のことなどお構いなしに、新しいものを次々生み出すのが進歩でした。

ところで、これは高々この100年ほどの話です。ここにあげたものはもちろん、今身のまわりにあるほとんどの家電製品は、わたしの子どもの頃にはありませんでした。ヒト（ホモ・サピエンス）としては20万年余、文明に向けて歩み始めてから1万年ほどという歴史の中での100年です。この生活だけが人間の生活だと決めつけてよいのだろうかと問うてもよいでしょう。

ところで、理科の中の生物と地学、つまり生きものと地球の科学が、確立されてきたのはつい最近のことです。物理と化学の教科書は私が生徒だった時と今とで変わりませんが、生物と地学はまったくと言ってよいほど違います。この半世紀で大きく変わりました。しかも、物理・化学の場合、科学を知ると世界がわかり、その知識を生かした新しい技術が生まれるので、それをどんどん進めて便利な社会をつくってきました。でも生物学と地学は違います。最近になって細胞やＤＮＡ、地球の構造が少しずつわかってきた結果、地球も生きものも複雑で一筋縄ではいかないことが見えてきたのです。

ちなみに、プレートテクトニクスは地球にしか知られていませんし、生きものも地球にしかいません。地震や噴火などの自然災害に出会うたびに、スイッチを押せばすぐに動き出す電化製品、蛇口をひねればすぐに出てくるきれいな水道水などに慣れている私たちは戸惑い、思い通りに動かすという科学技術の発想が自然に対しては通用しないことを痛感します。

このようなことをわかった上で、生命誌の中の人間に注目し、農耕に注目します。

本来歩むはずの道

自然、具体的には地球と生きものに向き合いながら、歩む道を探すには、まず人間とは何かを知るところから始めなければなりません。しかも今考えたいのは生きもの、つまり生命《いのち》あるものとしての人間です。これまで人間とは何か、生命とは何かを考えるのは哲学や宗教の役割でした。けれども、ここでは科学を基本に置きます。理由は二つあります。

一つは機械論である科学技術文明を見直すには、科学という切り口が有効に違いないからです。もう一つは近年、生命科学が急速に進展し、生命・人間について科学で考えられるようになったからです。「地球上に暮らす生きものはすべて40億年ほど前に生まれた祖先細胞から進化した仲間であり、人間もその一つ」です。これを基本に置くと生命科学でなく「生命誌」という新しい知になることはすでに述べました。生命誌の考え方はこれから少しずつ語りますが、科学を基本に置きながら生きものを機械として見ることなく、生きものは生きものとして捉えることによって、人間が生きる本来の道を探ります。

科学を基本に置くと言っても、DNAや細胞、さらには脳などを科学的に調べるだけでなく、40億年かけて生まれた地球上の生きものたちの歴史、つまり生命誌の中にいる人間とはどのような存在であるかを見ていきます。多様な生きものの中で唯一、直立二足歩行をすることになったヒトに注目し、狩猟採集から農耕への移行を追い、この移行は本当によりよい生活へ向けてのものだったのだろうかと問います。実は、そこで浮かび上がるのが「土」の重要性です。

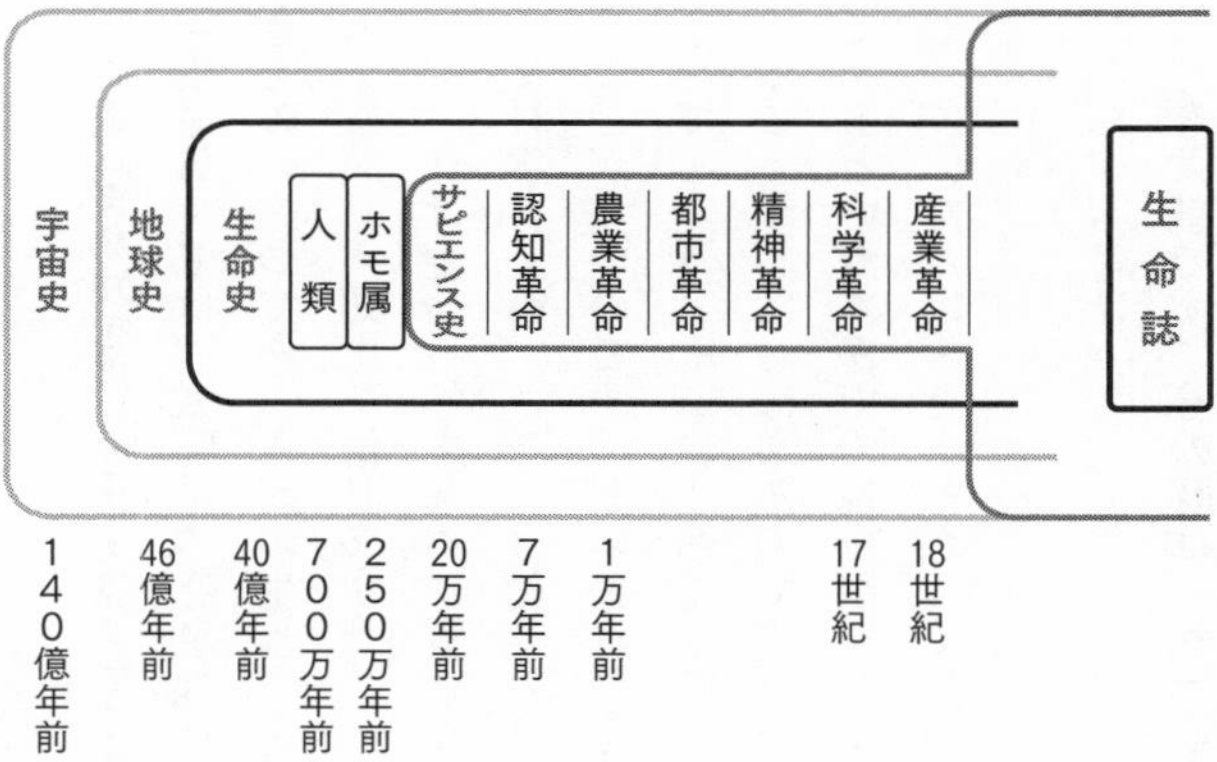

図1　生命誌　──私のいるところ、そしてこれから──

註：ホモ・サピエンスの歴史は20万年とされてきたが、近年モロッコでの発掘とゲノム解析の結果から30万年前とされ始めている。

私たちはどうしても目に見えるもの、わかりやすいものを重視しますので、農耕の場合もよりよい作物を求めて改良・進歩をしてきました。当然のことですが、農耕を支えているのは土です。先述したように、地球についてはまだ知識不足であり、地面を覆う土も近年になってその構造が明らかになってきたのです。

実は土は生きものあってこその存在でもあります。生きものあっての土、土あっての生きものが存在する地球。それは他の星にはない、ダイナミズムを持った星です。地球で生きるとはどういうことか。本来の問いはここにあります。理科の時間の生物と地学、頑張れです。

さまざまな知を借りてこそ見えてくる本来の道

「生命誌」では、太陽系の惑星地球に生まれた生命体の40億年という長い歴史を踏まえて生きものの一つである人間の生き方を探っていきますが、そこではさまざまな分野の方の考え方を参照し、知恵を借ります。

生命誌は生命科学を基本に置いていますが、生きものたちを見ていると科学だけでなく、人文科学、芸術、さらには農業の実践など広い分野の方たちの視点が生命誌と重なると感じることが多いのです。どの分野の方も、常に人間とは何かということを考えていらっしゃるからでしょう。そこに生命誌が持つ生きものという切り口を加えると、新しいものが見えてくることがしばしばあるのです。少々勝手な思いもあるかもしれませんが、人間は生きものであるという本書での視点が、さまざまな分野の生きものの見方をふくらませるものと受け取っていただけるとありがたく思います。

なお、本書は「『私たち生きもの』の中の私」を考えていきますので、「私」という言葉がとても大事です。その時は「私」、著者には「わたし」を使います。

目次

第三部　土への注目――狩猟採集から農耕への移行と「本来の道」

図表作成・本文ＤＴＰ／市川真樹子

第一部　生命40億年——「私たち生きもの」の中の私

1 他人事はどこにもない――「私たち」の中の私

原発事故とパンデミック

本来の道探しのとっかかりとして、二つの事柄をあげます。

まず、忘れもしない２０１１年3月11日の東日本大震災です。福島県大熊町・双葉町にある東京電力福島第一原子力発電所を津波が襲い、関係者が起こるはずがないと言い続けてきた事故が起きました。これを「想定外」という科学者・技術者の言葉に疑問を感じ、それを『科学者が人間であること』（岩波新書）として書きました。科学と自然、人間と技術などと並べて両者の関係を考えるのではなく、科学を進める人、つまり科学者が自然の一部である人間であり生活者であることを意識し、自分の中で科学と日常を一体化させる必要があると思ったからです。科学者は現代社会の機械論的世界観に染まっていますが、生活者となれば、いのちを基本に置く生命論的世界観を持って生きているはずです。科学者が変わることで社会が変わる可能性があるという指摘を理解して下さる方は少なくありませんでしたが、社会が変わるには到りませんでした。

それから10年後、新型コロナウイルス感染症（COVID-19）のパンデミックという思いもよらない事態が起き、世界中の人が外出もままならない生活を送ることになりました。「起こるはずがない」とか「思いもよらない」というのは、現代人が日々の暮らしは思い通りに動いてあたりまえと思っているために出てくる言葉です。ここに現代社会を生きる私たちの考えの偏りが見えます。

東日本大震災も新型コロナウイルス感染拡大も、自然が引き起こしたものです。今では身のまわりのものはほとんどが人工物であり、原則私たちの意のままに動きます。もちろん人工物も壊れたり、うまく動かなかったりはしますが、その原因はわかりやすく、本来は思い通りになるものと思って使っています。ところが、自然はそうはいきません。遠足や運動会の日に限って雨降りになったりしませんでしたか。テルテル坊主に願いを込めたのに、朝起きてみたら雨。ダメじゃないかとテルテル坊主に怒りをぶつけても仕方ありません。わたしの場合、学生時代からの仲間でテニスをしようとすると必ず天気が崩れるというジンクスがあり、小雪の中で雪かきをしながら決行したこともあります。

横道にそれましたが、「思い通りになるものではなく、思いがけないことだらけ」という自然と向き合って生きる意識は、日常から非常時まで大切です。

東日本大震災の後、社会が変わるどころか、直接の被災者以外は震災を忘れて暮らすようになっていきました。そこへ起きたのが、新型コロナウイルスのパンデミックです。これは地震のように局地的でなく、世界中の人が関係者です。しかも一人ひとりが手を洗い、マスクを着用し、換気をし、密を避けるという日常の行動を責任を持って行うことが社会のありようとなりました。今度は、「科学者だけでなく、みんなが生きものの一部としての人間であること」、つまり「人間が人間であること」を意識することが求められたのです。

二つの事例で見えてきたことは、あたりまえ過ぎるくらいあたりまえですが、実は大事なことなのです。ここで、「自然と人間」「人間と技術」「人間とウイルス」などと間に「と」を入れて考えると、自然、人間、技術、ウイルスのそれぞれが独立した別のものになります。それでは、「人間が生きものであること」という課題は考えられません。人間は自然の中にいますし、技術は人間がつくったものです。人間とウイルスは共に自然の一つとして関わり合っていることは、生命科学研究で明らかです。ここで人間と言うと抽象的になりますので、人間一人ひとり、つまり「私」が関わっているのだと捉えることが大事です。「本来の道」を探るには、一人ひとりが主人公になって考える必要があります。

「絆」と「利他」

喫緊の課題である地球環境問題を多くの人が「他人事《ひとごと》」としていると聞きました。大気中の二酸化炭素は増え、海中のマイクロプラスチックの増え方はそれ以上と言われても、今の生活は当分続けられそうだ、大変なことが起きるのは先の話だろうと楽観し、自分とは無関係と考える人が少なくないのだそうです。「他人事」ではありません。環境問題の行方は、今を生きる一人ひとりの生き方、考え方で決まります。まさに「私」のことです。

東日本大震災の後に、「絆」という言葉が使われました。現代社会では、他人に頼ることなく自立した個であれと言われます。確かに個としての自立は必要ですが、一方で生きものとしての人間は一人で存在するものではありません。そもそも両親なしにはこの世に生まれ出ることはないわけですし、一人では生きていけません。個を重視し、私とは何かと問いながら内を向いていたところへ、震災で人は互いに助け合って生きるものであることを見せつけられ、絆の大切さに気づきました。

新型コロナウイルス・パンデミックの中では、他との関わりとして「利他」という言葉が使われました。このウイルスの場合、感染しても無症状である場合が少なくありませんので、気づかないうちに感染している危険があります。そこで手洗い、マスク、密を避けるという行為が、自分の身を守ると同時に他人への感染を抑える利他になります。そこで利他とは何か、私たちには本来利他の心があるのだろうか、あるとしたらそれは何のために、という問いが次々と出てきました。

「私たち生きもの」の中の私

生きものとして見るなら、本来「私」は「私たち」の中にいる存在です（図2）。日常生活で私は一人じゃないと思う始まりは、家族でしょう。次いで学校や会社の仲間、地域の人々など、日々何らかの形で共に過ごす人々が「私たち」となります。そして、私たち日本列島に暮らす仲間という意識、さらには私たち人類へと広がっていくと考えるのが普通です。人類にまで「私たち」意識は広がらないと言われるかもしれません。家族にしてもそのありようはさまざまであり、関係が近いからこそ時に「私たち」と思いたくない場合もあるでしょう。

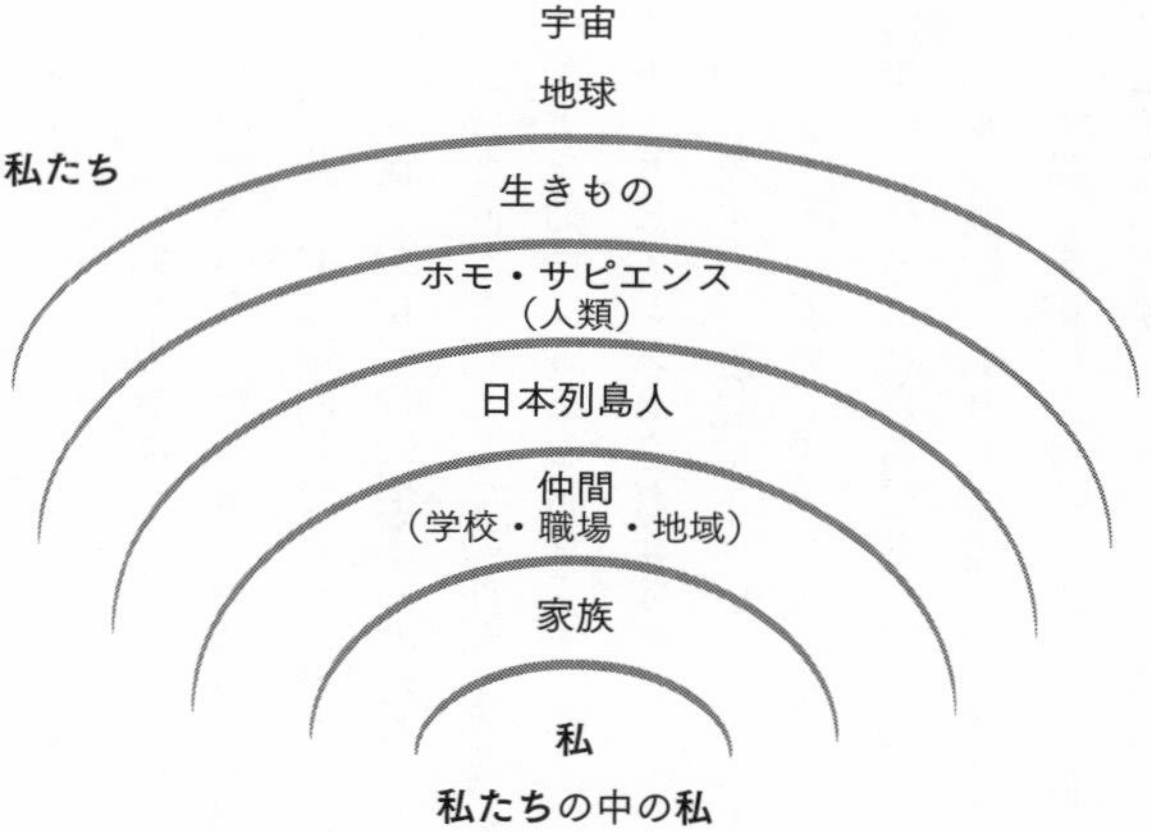

図２　「私たち生きもの」の中の私
この図は「他人事はどこにもない」ことを示しています。私の行動は利己や利他という個を中心にしたものではなく、私たちの中の私としてのものなのです。

ところで生命誌は、「人間が生きものである」というところから始まります。生きものとしては、近くにいるイヌやネコはもちろん、バラの花もウグイスも……アフリカのライオンもと、多種多様な仲間がいます。「私たち生きもの」です。

「『私たち生きもの』の中の私」。この本で提案したいのはこれです。ここから始めて、生きものの一つとして人類があり、私は「私たち人類の中の私」なんだ、その人類の中に日本列島に暮らす仲間があり、私は「私たち日本列島人の中の私」なんだと図の中をだんだん下へと降りていきます。「私たち家族の中の私」のところへ行くまでの道は長いですが、このような形で家族を捉えると、日常がんじがらめになっている価値観とは、べつの見方ができる面白さがあります。このようにして私のあり方をゆっくり考えていただきたいのです。

私たちという言葉が示すのは、「共感」です。私があり、私と同じ仲間としてのあなたがいる。基本的には同じでありながら、それぞれが個として存在する仲間です。そのあなたが、時に家族であり、時に生きものたちであるという「共感」です。共感は、自分を意識し、その自分と同じ存在としての仲間を意識するところに生まれますので、霊長類はもちろん、さまざまな動物にもある感覚です。そのうち最も共感力を高めたのが、ヒトであり、なかでもホモ・サピエンスとされます。

図2をもう一度見て下さい。「私たち生きもの」が暮らすところは地球であり、地球は宇宙の中にあります。ニュースに地球という言葉が出てこない日はないと言ってもよいくらい、21世紀に生きる私たちにとって、地球は常に意識させられる存在です。環境問題は今や地球レベルの課題であり、宇宙も身近です。私たちを「『私たち生きもの』の中の私」から始めて、意識を宇宙に向ける一方で、家族という身近なところでも考えられるのは、21世紀だからこそなのです。

2

始まりは「私たち生きもの」の中の私

「私たち」の中の私

「『私たち生きもの』の中の私」から考え始めましょうという時の「生きもの」とは、どのような存在であるかを明確にしておかなければなりません。

東日本大震災後によく聞かれた絆という言葉は、大きな災害から立ち直る時、私は一人ではないのだと思えることがどれほど大事であるかを示しました。けれどもここには少し煩わしさがあります。絆は本来、ウシやウマなどの動物をつなぎとめておく綱を指す言葉であることを考えると、そこにあるつながりが同時に束縛感にもなるからでしょう。

COVID-19のパンデミックの中でよく聞く「利他」も、大事な言葉です。マスクをするところから始まって、医療従事者、感染の危険を感じながら人中ではたらかなければならないエッセンシャルワーカー、経済活動がままならぬ中で職を失う人などへの思いやりとそれに基づく行動が重要であると多くの人が気づき、そこから「利他」への関心が高まりました。思いやりは、人間の特徴であり、利他への関心が高まった風潮は評価できます。

ただ絆や利他という言葉は、孤立した個が前提になっています。今大事なのは、私という存在を、まず「私たち」の中にあるものと捉えることではないでしょうか。近代社会は、個の確立を強く求めました。もちろん一人ひとりは唯一無二の存在ですが、一方で他との関わりなしでの暮らしはあり得ず、私たちあっての私という方が自然です。

「私たち」というと、全体が優先されて個は犠牲にされると受け止められることを懸念します。全体主義と呼ばれる、民主主義と対峙する体制です。全体主義が支配する社会では、権力者は自分とは異なる考えを許容せず、個は周囲を意識して全体に合わせ、そこからはずれないようにしようとします。

そうではなく、独立した個人である「私」が、自分自身を常に「私たち」という広がりの中に置いて生きるなら、私にこだわるよりもはるかに解放感のある、開かれた存在としての自分になれます。これが、今考えたい「私たち」の中の私です。主体はあくまでも私でありながら、それがいつも私たちの中にある。しかもまず「『私たち生きもの』の中の私」と考えましょうと提案します。この時の解放感は、多様な生きものの中に自分を置く生命誌という知を考える中で、常に実感してきました。それを生命誌という知の中に閉じ込めず社会の基本に置きたいのです。

生命誌絵巻が教えてくれること

ここで、生命誌の中の「生きもの」とはどのようなものかを示します。生命科学が明らかにしつつある生きものの姿は、さまざまな面から興味深いことを教えてくれますが、ここでは基本の基本を描きました（図3）。

絵巻でまず見ていただきたいのは、扇の天です。さまざまな生きものが描いてあります。何か、お好きなものを探し出して下さい。ヒマワリ、ゴリラ、カワセミ……地球上には数千万種とも言われる多様な生きものが、さまざまな場所でさまざまな暮らしをしています。分類され、名前がついているものが180万種ほど。まだまだ知らない生きものの方が多いのが現状です。

ヒマワリ、ゴリラ、カワセミ……は、それぞれ魅力があり、どちらが優れているかと比べても意味がありません。違いを知り、多様性を楽しむのが生きものに接する基本ですが、D

図３　生命誌絵巻　協力：団まりな　画：橋本律子

NAという物質がここに興味深い視点を持ち込みました。これほど多様な生きもののどれもが、DNAを遺伝子として持つ細胞から成ること、どの生きものの中でもDNAは基本的に同じはたらき方をしていることが明らかになったのです。ヒマワリもゴリラもカワセミも……単細胞生物であるバクテリア（絵巻の右端に描いてあります）も基本は同じです。

この事実と、生きものは進化をするというこれも生物研究によって明らかにされた事実とを組み合わせて考えると、「地球上の生物はすべて、DNAを遺伝子として持つ一種の祖先細胞から進化してきた」という答えが出ます。では、その祖先細胞はいつどこで生まれたのか。まだ答えは出ていませんが、それほど遠くない将来に「生命の起源」の謎は解けそうなところまできていますので楽しみです。それは他の星にも生命体はいるのだろうかという問いにつながり、宇宙生物学が始まっています。

　祖先細胞に戻ります。化石研究から、少なくとも40億年ほど前の海には細胞が存在していたことがわかっていますので、扇の要は今から40億年前。そこに祖先細胞がいました。地球上のすべての生きものは共通の祖先を持つ仲間であるという事実を知ると、生きものを見る目が変わりませんか。

　もう一つ、仲間意識をより強くする事実があります。扇の要から天までの距離は、どこでも同じです。右端に描いてあるバクテリアは生命の起源に近い頃に生まれた古くからの生きもので、たった一つの細胞として生きています。人間の目では見えませんが、私たちの身のまわりや体内で生きているバクテリアは、40億年という長い時間、分裂を続けてきた結果、今ここに存在しているのです。アリやチョウなどの小さな昆虫も、40億年の進化の中で今を生きている仲間です。つまり、40億年という長い歴史を背負って生きているという点では、どの生きものも同じなのです。いのちの重みという言葉を使う時、そこにはさまざまな意味が込められていますが、その一つにこの長い長い時間があることは確かでしょう。

その意味でのいのちの重みは、草や昆虫でも、ライオンやゾウでも変わりません。小さな虫などは気軽に潰してしまいがちですが、虫も40億年という時間がなければ存在しないのです。このように、多様な生きものの背後にある共通性が明確に見えてきたのが20世紀の後半であり、21世紀はこの事実を生かしていく時代です。

「中から目線」で見る

最後に、私たち人間もこの絵巻の中にいるという大事なことに目を向けます。絵巻の左端にいる生きものはヒト、つまり私たち人間です。これまでの話の流れでは、ここに私たちがいるのはあたりまえです。

日常の暮らしではどうでしょう。人間はこの扇の外、それも扇より上に位置していると思っている方が多いのではないでしょうか。絵巻を見ながら生きものについて語るなら、人間は多様な生きものの一つとなります。けれども日常、環境問題を語る中で生物多様性という時は、自分は扇の外にいて、〝多様性を大事に〟と言ってはいないでしょうか。

それがよくわかるのが、〝地球にやさしく〟というキャッチフレーズです。とてもすばらしく聞こえますし、この言葉を口にする時の気持ちは尊重しますが、生命誌絵巻を描いた立場からは、それって「上から目線」ではありませんかと問いたくなります。自分も絵巻の中にいる、つまり「中から目線」で生きものたちを見ると、他の生きものたちに向かって私たちを仲間としてやさしく見て下さいとお願いしたくなることもしばしばです。私たちも他の生きものへのやさしい眼差しを持つことは大事ですが、この時上からでなく中から目線になると、さまざまな生きものたちとの仲間感覚が自ずと生まれます。

上から見ている時は、知らず知らずのうちに私たち人間の方が他の生きものより上等だと思っています。実は生物学でも以前は下等生物、高等生物という言葉を使っていました。バクテリアはたった一つの細胞で生きていますので単細胞と呼ばれますが、ものを考えない人のことを「単細胞だから」などとからかったり、昆虫を「虫けら」と呼んだりするなど、なんとなく軽く見ていました。

けれどもDNA研究が進み、それぞれの生きものの生き方を調べてみると、食べ物を消化したり、身体に必要なエネルギーをつくったりする基本のはたらきはどの生きものも同じ遺伝子によって同じように進められていることがわかりました。しかもどの生きものもそれぞれなかなか巧みに生き、40億年という長い間いのちをつないできたことが明らかになり、自ずと仲間意識が生まれてきました。

こうして多様な生きものたちの生き方を見ていくと、同じだなあと思うところ、なんて巧みに生きているんだと感心するところが次々と出てきますので、自ずと「『私たち生きもの』の中の私」という感覚が身につきます。生きものであることが楽しくなり、おおらかな気持ちになって、自由な広がりの中に自分を置くことができます。

もう一度絵巻を眺めて、多様性、その底にある共通性、40億年という長い歴史、その中での生きもの同士の関係……そしてその中にいるヒト（人間）である私を思い描いて下さい。宇宙とのつながりも含めて。そこに絆や利他という言葉を超えた深さと広がりとを感じ取っていただけたら嬉しいです。

これは知識として学ぶというより感覚的にわかるものですので、押しつけても意味がありません。生命誌という知をつくる場として１９９３年に創立したわたしの仕事場である生命誌研究館へ何度も来て下さって、ある時「私たち生きもの」ということがストンと納得できましたとおっしゃった方がいて、とても嬉しかったのを覚えています。

3

体内常在菌叢とウイルス叢があってこその「私」

バクテリアから考える

私たちは日常さまざまな生きものと共に暮らしています。仕事から帰った時に玄関まで迎えに来たイヌがシッポを振ってくれると疲れがとれるという方は少なくありません。最近はネコが気持ちを和らげる役をしている職場もあるようです。キンギョやカメなどペットは多様です。散歩の途中に出会うさまざまな花に心慰められる方も多いことでしょう。このように「生きものの中の私」は日常そのものですし、他の生きものたちのいない地球はつまらない、「『私たち生きもの』の中の私」には、楽しさがあります。

ここで、このような日常とは少し違い、目には見えず人間からは一番遠いと思われているバクテリア（細菌）が思いもかけず近い存在であり、「『私たち生きもの』の中の私」をみごとに示している事実を見ます。

「私」と言う時には、両親から遺伝子を受け継いだ私を意識するのが当然です。ところで、近年私たちの身体の中には膨大な数の細菌が存在しており、それが「私」という存在に関わっていることが明らかになってきました。腸内細菌は、健康との関係で関心をお持ちの方も多いのではないでしょうか。腸だけではなく皮膚、口腔、消化管（食道、胃、腸）、呼吸器系、膣など、体表面と呼ばれるところにはどこにも細菌がいます。

その数は身体全体で数百兆個、重さにして1～2kgあるとされます。細菌の種類も500～1000種と多様です。私たちの身体を構成している細胞数が37兆個と言われていますので、数では細菌の方が多いのです。

常在細菌は、それぞれに役割があります。なかでも量が多く（90％ほど）はたらきも重要なのは腸内細菌ですので、それに注目します。ビフィズス菌、乳酸菌などなじみの名前の細菌はどれも嫌気性菌と呼ばれ、酸素のないところでしか増殖しません。

「私」の出発点は受精卵、つまり両親から受け継いだ遺伝子のはたらきで生きている純粋な「私」ですが、子宮で育ち、産道を通る時に母親の体内にある菌が体内に入ります。産声を上げてこの世の空気を吸えば、1兆個以上の細菌が入り込み、それ以後は一生の間、体内には必ず細菌が存在します。というより、それなしには人間は生きていけません。つまり、細菌なしの私はあり得ない、細菌あっての「私」になります。成長につれて細菌の種類や数が変化し、成人型の腸内細菌叢《そう》ができ上がり、加齢につれて老人型になっていきます。加齢と共に増えるのはウェルシュ菌や大腸菌など腸内腐敗のもととなる菌なので、これを抑えてビフィズス菌が優勢な状態を保つことが老化を防ぎ、健康に暮らすためには重要であることもわかってきました。

各人の腸内細菌叢の定着の仕方はまだよくわかっていません。乳児の時に乳を通して母親から受け継ぐものと食物など外から入るものとの組み合わせであるには違いありませんが、生活の場を共有している家族の間に必ずしも類似性は見られないのです。双生児でも腸内細菌叢は異なることが知られており、一人ひとり違っているとしか言えません。つまり、両親から受け継ぐ遺伝子も「私」として特有ですが、腸内細菌として存在する遺伝子も「私」特有なのです。両親からの遺伝子の総体をゲノムと呼ぶのに対し、腸内細菌叢など、外から来たのだけれど「私」に特有の遺伝子の総体をメタゲノムと呼びます。両者が合わさっての「私」ですから、すでにここで私は「私たち」の中の私になっているのです。

細菌も人間もDNAのはたらき方は同じ

進化の過程で最後に登場した人間が、最も早く登場した細菌を内に存在させた状態でしか存在できず、しかも細菌叢は一人ひとり違って「私」を成しているというのですから、生きものの世界は面白いとしか言いようがありません。

この「面白さ」を、生きものの世界の特徴である「すべての生きものに共通するシステムが継続している」という事実として理解することが、「『私たち生きもの』の中の私」という視点の基本です。遺伝子と呼ばれるDNAは、自分と同じものをつくり、細胞から細胞へ、親から子へと性質を伝えること、細胞が必要とするタンパク質をつくる命令を出すこと、変化して進化を引き起こすことの三つを行います。

地球上に暮らすどの生きものでも、DNAのこのはたらきはまったく同じなのです。ですから、細菌が私たちの体内で私の一部としてはたらけるわけです。

人工の世界、機械の世界と比べると、この特徴は鮮やかに浮かび上がります。身近なものとしてラジオを見ると、わたしが子どもの頃は機械の心臓部分は真空管でしたが、それがトランジスタに変わり、今ではIC。まったく異なるものへと短時間に変化し、今は真空管もトランジスタも使われません。コンピュータもバージョンが変わるたびに以前のものは使えなくなり、以前に使っていた記録用のテープやフロッピーディスクなど今では役立たずです。

腸内細菌は、私たちの身体を守る免疫機能に寄与していることがわかってきました。前述したように、腸は口から肛門まで続いている管の一部として外界と接しており、外から異物が入ってきやすいので、免疫細胞が集まっています。全免疫細胞の60%以上が腸にあるのではないかとされています。そして腸内細菌であるビフィズス菌が生成する酢酸や酪酸菌による酪酸などの短鎖脂肪酸が大腸と小腸にある免疫細胞にはたらきかけて、免疫グロブリンをつくらせる役割を果たしているのです。こうしてつくられた免疫グロブリンは、血液を介して呼吸器にも移動し、口や鼻で外から入ってくる病原体と闘う役割を務めます。酪酸による免疫細胞へのはたらきかけは、腸内細菌自身が異物として排除されないようにする役割もしているというのですから、なんともみごとな共生です。

私たち人間が持っていない能力を細菌に助けてもらう面もあります。健康のためにオリゴ糖や食物繊維をとろうと言われますが、私たちはこれらを消化する酵素を持ってはおらず、腸内細菌が分解し、有用物質に変えてくれるのです。細菌のありようによって健康状態が変わることは明らかで、それは精神にも及ぶことがわかってきました。うつ状態の人はビフィズス菌の割合が低かったというデータがあります。

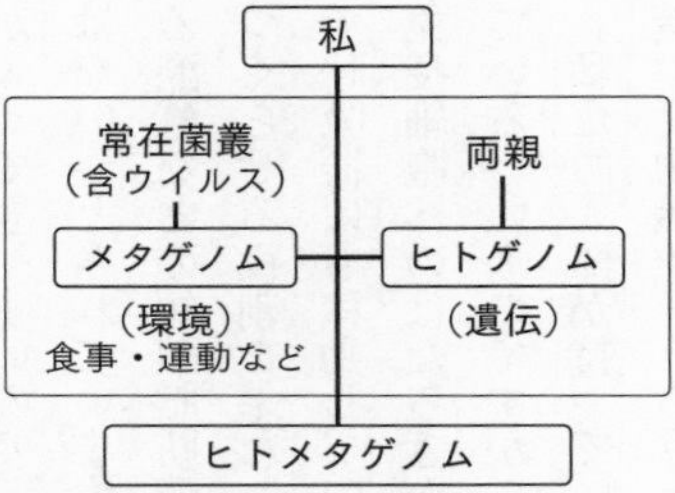

図4　ヒトメタゲノムと細菌

ヒトゲノム、つまり私たちが両親から受け継いだDNAには2・5万個ほどの遺伝子がありますが、体内細菌のゲノム（メタゲノム）の遺伝子総数は500万ほどにもなります。遺伝子で見ると「私」としてはたらいていると思っているもののかなりの部分を細菌に頼っており、しかもその細菌のありようは食事や運動など、自分の意志でコントロールできるのです。血液中の物質の3分の1ほどが細菌のつくったものだったという報告もあります。その中には発がん促進物質なども含まれていますので、腸内細菌のコントロールは重要です。これを図4にまとめました。『私たち生きもの』の中の私」という視点の大切さを感じ取っていただけたでしょうか。

細菌研究が明らかにしてきたこと

人類は長い間、多様な生きものを利用してきましたが、細菌は目に見えませんので、その存在は知られていませんでした。

16世紀の終わりになって、顕微鏡が発明され、透明に見える池の水の中に小さな生きものたちがたくさんいることを知った人々は驚きました。顕微鏡を最初につくったのは眼鏡屋のヤンセン父子、それを使って微生物を観察したのは市民でした。今でも、顕微鏡観察を楽しむ方はいますが、でも多くの方が顕微鏡は生物学者という専門家の研究器具と思われているのではないでしょうか。顕微鏡がそもそも、みんなで私たち生きもの仲間を楽しむ道具として登場したことを忘れないようにしたいものです。

17世紀後半になって細菌が研究者の視野に入ってきます。そして1860年頃、フランスのルイ・パストゥールが、煮沸した肉汁に空気中の微生物が入らない工夫をしておけば腐らないこと、しかも空気中の微生物に触れた途端腐り始めることを見つけ、これは空気中の細菌が肉汁の中で増えたからだということを示しました。これは「生物がないところから生物は生まれない」、逆に言うなら「生物は生物からしか生まれない」という重要な発見となりました。

病気を一種の腐敗と考えていた当時の人々は、病気も細菌で起きるのではないかと考えるようになりました。具体的な答えを出したのはやはりパストゥールでした。当時家畜で流行し、時に人間にも感染していた炭疽病の原因が細菌であることを示したのです。同じ頃、ドイツでもロベルト・コッホが同じ病気の原因を探っていました。このように、まったく新しい研究が同時に別のところで始まる例は少なからず見られます。研究も社会とつながっており、今必要なことは何かを鋭く感じ取る能力を持つ研究者が大事な仕事をするのです。実はこの頃、熊本出身の医学生であった北里柴三郎が後にコッホの弟子になり、破傷風菌という嫌気性で扱いの難しい細菌を病原菌と同定するみごとな研究成果を挙げます。北里については語りたいことがたくさんありますが、残念ながら省略します。

研究の歴史から見ると、細菌は長い間病原体と位置づけられてきました。でも、細菌は悪いものとしてあるのではなく、私たち生きものの仲間であり、人体に不可欠なものとして常在しているのです。病原菌への対処は重要ですけれど。

「私」は、体内常在菌叢まで含んでの私であることを見てきましたが、実は最近、ウイルスも体内に常在していることがわかってきました。ウイルスもあらゆる臓器に存在しており、とくに神経系が注目されています。その数も細菌と変わらないようなのです。体内の細菌に感染するウイルス（バクテリオファージ）も多く、これまで以上に「私」は複雑になっています。ウイルス研究からどのような姿が見えてくるのでしょうか。「私」は親から受け継いだ遺伝子だけで生きていくわけではない、なかなかダイナミックな存在です。

4
「私たち生きもの」が生まれるための長い時間

「私」の中にある40億年の歴史

「私たちの中の私」と言う時の「私たち」を、この言葉からすぐに思いつく「私たち家族」や「私たち日本人」ではなく、「私たち生きもの」というところから考え始めたのは、COVID-19のパンデミックや異常気象に対処し、新しい生き方を探し、暮らしやすい社会をつくっていくためには、「生命誌絵巻」「『私たち生きもの』の中の私」という認識が不可欠だからです。絵巻（図3）には、人間が生きる空間と同時に40億年という時間が描き込まれています。次に、生きるということを時間の流れの中で考えた時に、「私」という存在がどう見えてくるかを見ていきます。

誰にも誕生日があり、そこから「私」の一生が始まります。生まれた時から亡くなるまで、これが私が生きる時間であることは間違いありませんが、生命誌として考えると、私の始まりは誕生の時ではありません。母親の卵細胞に父親の精子ＤＮＡが入る授精が起きた時が、生物学として見た「私」の始まりです。誕生日より２８０日ほど前です。その時生まれた受精卵は一個の細胞であり、それが母親の子宮内で分裂を重ね、ヒトという個体になって「私」という唯一無二の存在が誕生するのです。

ただ、「私」の始まりである受精卵の誕生には、細胞が必要です。生きものは、機械のように部品を集めて組み立てるのではなく、既存の細胞から生まれます。つまり「生きものは生きものからしか生まれない」のです。先にパストゥールが細菌で示したこの事実は、もちろん人間にもあてはまります。これはとても重要なことです。

「私」という存在は、もちろん受精卵誕生の時に始まるのですが、母親の卵細胞をもとにしているのですから、それが生じた母親誕生の時に「私」誕生のプロセスは始まっているとも言えます。しかも受精卵の中に入っているＤＮＡ（ゲノム）は母親と父親から受け継いだものので、父親と母親もそれぞれの両親（「私」から見ると祖父母）から細胞とＤＮＡ（ゲノム）を受け継いでいます。こうして辿っていくと、すべての「私」は人類の祖先につながります。生命誌としての遡りはここでは終わりません。人類の祖先の誕生につながるチンパンジーとの共通祖先に遡り……さらに辿ると、40億年前の生命誕生まで戻ります。

21世紀は、一つの細胞の中にあるすべてのＤＮＡ（ゲノム）の解析を通して生きものを知る時代になりました。ゲノムは細胞をはたらかせる基本情報ですから、ゲノムを調べると細胞のはたらきの全体像を知るための重要データが得られます。それだけでなく、そこには40億年前から「私」が生まれるまでの歴史が書き込まれています。「私」は誕生日に生まれたには違いないのですが、実は、40億年の歴史なくして決してここに存在しないという事実を無視できません。「私」の中には40億年の歴史が入っており、それを基本に「私」の毎日の活動があるのです。先に述べた腸内細菌のゲノムにも、同じように40億年の歴史が入っています。生きものはすべて40億年という時間なしには存在しないのです。

「脱炭素」や「水素社会」の間違い

「私」という個人は１００年ほどの一生を生きる存在ですが、「私たちの中の私」として見ると、身体の中に40億年という時間が組み込まれており、その流れを受け継いでいく存在であることがわかりました。まったく同じシステムで生き続けてきた「私たち生きもの」の仲間として生きるということには、これからも長い時間続いていくという意味が込められているのであり、「私」はこの時間を途切れさせずに次の世代へといのちを渡していく役割を持っています。

生きものとしての私の身体をつくるのは食べもの。イワシやホウレンソウとして存在していた成分が私たちの身体をつくります。今日の「私」の身体（さまざまな臓器）は昨日とは異なる材料でできています。イワシのタンパク質は一度分解され、それを構成していたアミノ酸でヒトのタンパク質をつくるのですが、皮膚細胞などは1ヶ月ほどで更新されますので、今の私をつくっている皮膚はどんな生きものからきたのだろうと思ってみるのも「生きものとしての私」を考えることになります。

身体を構成する物質である核酸、タンパク質、糖、脂質などはすべて炭素化合物（有機化合物）です。最近よく「脱炭素社会」という言葉が使われますが、生きものが暮らす社会に脱炭素はあり得ません。生きものの社会は、物質として見れば炭素化合物が動き回って構成しているのであり、これからの生き方として大事なのは「炭素をいかに巧みに活用するか」であり、脱炭素ではありません（大気中の二酸化炭素量を急激に増やさないことが重要なのは当然であり、そのための努力は重要ですが、脱炭素と言うのは間違いです）。

今日、朝食のハムを通して取り込まれたタンパク質分子にあった炭素（C）は、いつかブタが食べた食事からきたものです。こうして炭素は、さまざまな生きものの中を巡っていま す。山奥にある森で何十年も前に落ちた葉っぱの中の炭素が、巡り巡って「私」の体をつくっているかもしれません。「私」はこうして空間だけでなく長い時間の中にあり、しかもそれは炭素の循環という形で具体的に見えてくるのです。

生きものはいつか必ず生を終え、有機物として分解され土に戻り、炭素循環の中に入ります。人間は火を使う生活を始め、有機物を直接、二酸化炭素（CO_2）にする活動が大きくなりました。火を用いる生活は人間が人間らしく生きることであり、否定するものではありませんが、炭素の循環を意識しない文明のありようは根本から考え直す必要があるでしょう。

脱炭素という言葉が対象にしている二酸化炭素は無機物であり、この形になった炭素は自然の循環からはずれます。エネルギー的に最も安定な形で、これ以上動かないのです。もちろん、自然はここに光合成というこれまた何ともみごとな仕組みを用意し、日々植物たちがさり気なくこの難物を有機物に変換し、循環の中に入れてくれます。

脱炭素という言葉を毎日のように耳にするようになり、改めて光合成のみごとさに感嘆しています。30億年以上前、生命誕生からあまり時を置かずに（生命誌を考える時はいつも長い時間と大きな広がりの中にいますので、ここでの「あまり時を置かず」には、1億年の単位です）

この仕組みが生まれたのは出来過ぎとしか言いようがありません。DNA、RNA、タンパク質を基本に置く、生きることを支える仕組みと光合成とはあまりにも日常のことなので、長い間生命誌を考えてきたわたしも、この重要性を明確に指摘してきませんでした。しかし、脱炭素というかけ声でつくり出そうとしている新しい技術のありようを見ていると、このみごとさを認識せずに人間の技術の力を過信して動いているようで、危険を感じます。

「これからは水素社会だ」と言う方は、水素を燃料にすれば廃棄物は水であり何の問題も起こらないというのです。ところで、その水素はどこにあり、どのようにして手に入れるのでしょうか。身のまわりの水素のほとんどは水の状態になっており、炭素と同じようなエネルギー源になる循環はしていません。生きものとしての私たちには水素社会は考えられません。

「『私たち生きもの』の中の私」は、大きな空間と長い長い時間の中に自分を置き、その中で自然と呼ばれるすべてのものと炭素の循環でつながっていると実感することです。

図2は、「私たち生きもの」の上に地球があり、宇宙があります。大きな空間と長い時間、その中での空間的、時間的循環は宇宙にまでつながっています。遠い遠い空の上にも炭素化合物があるのです。「お母さんが、亡くなったおばあちゃんは星になったと言うのだけれどほんとう？」幼稚園の女の子にそう聞かれたことがあります。答えは「ほんとうよ」です。

5

「私たち生きもの」の基本にある共生

私たちの生き方にはどんな問題があるのか？

異常気象や新型コロナウイルス・パンデミックの中で暮らしていて心配なのは、今より将来です。このような状態で子どもたちの時代はどうなるのだろう。40億年もの長い間続いてきた生きものの歴史は、その問いへの答えにつながるはずであり、そこから学ぶこと大です。

40億年という長い歴史物語の中での重要な鍵の一つが〝エネルギー〟です。産業革命後は地下にある石炭・石油・天然ガスなど過去の生きものが蓄積した炭素化合物を燃焼させて得たエネルギーを大量に利用して、豊かで便利な生活を求めてきました。そこで大量に排出した二酸化炭素のために温暖化が進み、異常気象に悩まされることになったのです。水力や風力という物理的エネルギーも使ってきましたが、近年は地下資源に頼っています。この間2

00年という、生命誌としては瞬時と言ってよい時間での大きな変化です。資源の有限性にも目を向けなければなりません。

生きものとしての循環から離れた新しいエネルギーとして20世紀になって生まれた原子力は、放射能の生きものへの弊害を考えると廃棄物処理の課題があり、東日本大震災時に原子力発電所の事故を体験した今、このままの形での利用を続けることはできません。そこで人々が再生可能エネルギーに目を向け始めたのは重要な転換に見えますが、具体的に進められる方法はメガソーラーの施設や大型風車など、相変わらず大型・効率に偏った開発です。自然エネルギーは遍在性に注目し、それぞれの土地に合った使い方をしなければ意味がありません。この問題を基本から考えるためには、生きものの世界のエネルギーの動きを見ていく必要があります。

光合成という奇跡

生命誕生の場は、深海底にある熱水噴出孔だったように思えます。圧力の高い海底に現存する硫化物を含んだ熱水の周囲には、私たちの身のまわり、いわゆる常温常圧の世界とは異なる特殊な生きものたちが今も暮らしています。それらは「超好熱性化学合成独立栄養生物」という長い名前で呼ばれ、文字通り高温の場でエネルギーを手に入れて、生きるために必要な物質をつくっている仲間です。メタン生成細菌（水素と二酸化炭素からメタンを生成）、硫酸還元菌（硫化水素を生成）などは今も特殊な環境の中で生き続けています。細菌の他にもう一つ、アーキア（昔は古細菌と呼びましたが、別に古いわけではないので使わなくなりました）と呼ばれる細菌より少し大きめの細胞があり、それも硫黄代謝、メタン生成をするものが現存しています。細菌とアーキアという2種の生物界が周囲にある物質を用いてエネルギーを獲得し、化学合成で自らをつくって生き続ける世界ができ上がりました。けれどもこの方法では、獲得できるエネルギー量に限りがあり、鎖は途切れます。

実際には、細胞が生き続けたのは新しい生き方を手に入れたからです。太陽の光をエネルギー源とする光合成細菌の登場です。光合成色素を持つ「シアノバクテリア」が誕生し、当時の大気にたっぷり存在した二酸化炭素と水とを用いてエネルギーを生み出しました。

この能力がどのようにして獲得されたのかはまだわかっておらず、教科書に「奇跡」と書かれていることがよくあります。「よくぞこんなことが起きたものだ。起きてくれてよかった」という意味です。光合成細菌の最古の化石は35億年前のものです。太陽のエネルギーは無限と言ってもよく、「これを上手に使っていけば続いていける」はずで、生きものの世界に大転換がもたらされました。今も、世界中のあちこちに「ストロマトライト」と呼ばれるシアノバクテリアと土とが重なってできた層が見られます。生きものがここまで続いてきたのは光合成のおかげであることを示す興味深い存在です。

海には緑が広がり、続いていく可能性を手に入れた生きものの世界が生まれました。ところで光合成の「奇跡」は、光のエネルギー利用に止まりません。

光合成は、

光エネルギー＋CO_2＋H_2O　→　糖＋O_2＋熱エネルギー

と書けます。ここで大事なのは、CO_2の炭素を糖という有機化合物に変え、これを栄養分や身体をつくる材料にすることです。今流行している「脱炭素」という言葉はCO_2が消えることだけを考えていますが、大事なのはこれを有用な炭素化合物にすることであり、私たちもこの炭素でできているのです。利用できない炭素を有用な炭素に変えて、大いに利用していくことが大事なのです。生きものの世界では、「脱炭素」はありません。

しかも光合成はO_2（酸素）をつくります。光合成の結果、大気中に酸素が存在するようになり、呼吸をし、酸素を用いて必要なエネルギーを効率よくつくり出せるようになりました。私たちの生き方です。酸素は反応性が高く、さまざまな物質を酸化させます。鉄サビのように、酸化は困った反応です。活性酸素と呼ばれ体内で悪さをする酸素の存在があるのはご存じですね。世の中に良いもの、悪いものがあるのではなく、それをどう活用するかが大切であることを知る良い例です。生きものの世界には、このような例がたくさんあります。

光合成の化学式は簡単な一行で表せますが、ここには生きること、生きものが続いていくことを支える基本がすべて入っています。化学式は苦手という方も、この簡単な式にだけは関心を持っていただきたいと思います。

ちなみにこれと同じことのできる技術を人間は持っていません。小さな細菌のできることが人間にはできないのです。これも忘れてはならない事実です。

真核細胞の誕生

こうして生きものが続いていく準備が整いました。でもこの状態では、海の中にバクテリアが増殖するだけで、私たちが今見ている世界になるには、またエポック・メイキングと呼べる事柄が起こります。

事が起きたのは25億年ほど前です。前に紹介したストロマトライトと呼ばれるシアノバクテリアと土とが一緒になってできたぬめぬめしたマットの中で起きたと思われます。マットと言っても、層が積み重なって並び、森のようになっていました。今もオーストラリアのシャーク湾で見られます。25億年前のストロマトライトにはシアノバクテリアだけでなく、それ以前から存在した細菌やアーキアの仲間も存在し、当時の生態系を形成していました。そこから新しい型の細胞が誕生したのです。それが私たち人間をもつくる「真核細胞」であり、真核細胞は多細胞生物になる能力を持っています。ここから目に見える大きさの生きものが生まれます。

細菌とアーキアは原核細胞と呼ばれ、それぞれの細胞の性質を決めるゲノム（DNA）は特別の場所を持たず、細胞膜にくっつくような状態で存在しています。これに対して真核細胞は、細胞の中にゲノム（DNA）を収めた核を持ち、その他にそれぞれ独自のはたらきを持つ小器官があります。中でもエネルギーと深く関わり合うのがミトコンドリアであり、植物細胞の場合はこれに加えて葉緑体があります。そして、この二つは共に細菌由来であることがわかっています。

真核細胞の誕生には、アーキアが重要な役割をします。現存するアーキアは、細菌と同じように身近なところにもいますが、その特徴は、濃い塩水、酸性の熱い温泉、空気のない深海底、汚水処理場のヘドロ、南極の氷の下の湖、ウシの胃など、通常生物がいそうもないところに存在することです。原始の地球の環境に似ているところに存在し、古くからの性質を残して暮らしているのです。

アーキアは細菌よりも大きく、膜が柔らかくて動きやすく、細菌を飲み込めます。その多くは消化されたでしょうが、ある時、飲み込まれた細菌が生き残りました。それが酸素を活用して効率よくエネルギーをつくる細菌（好気性細菌）で、アーキアの中で分裂して生きるようになったのです。

このようにしてアーキアは、好気性でエネルギーを上手につくる細胞になりました。中に入った細菌が持っていたエネルギー生産のための遺伝子の一部がアーキアのゲノムに移り、入った細菌は共生を超えて大きな細胞の一部になりました。ミトコンドリアの誕生であり、それを持った真核細胞の誕生です。これが動物細胞です。さらに、こうしてできた真核細胞が光合成細菌であるシアノバクテリアを飲み込み、これが葉緑体になりました。こうして植物細胞が生まれました（図5）。このように考える一つの証拠は、ミトコンドリアと葉緑体の持つゲノム（DNA）の性質が、細菌と同じだからです。

真核細胞のでき方を見ていくと、私の中に細菌やウイルスが常在し、それが存在しない私はいないという事実を思い出します。生きものの世界では、外から何かが入ってきて私にな

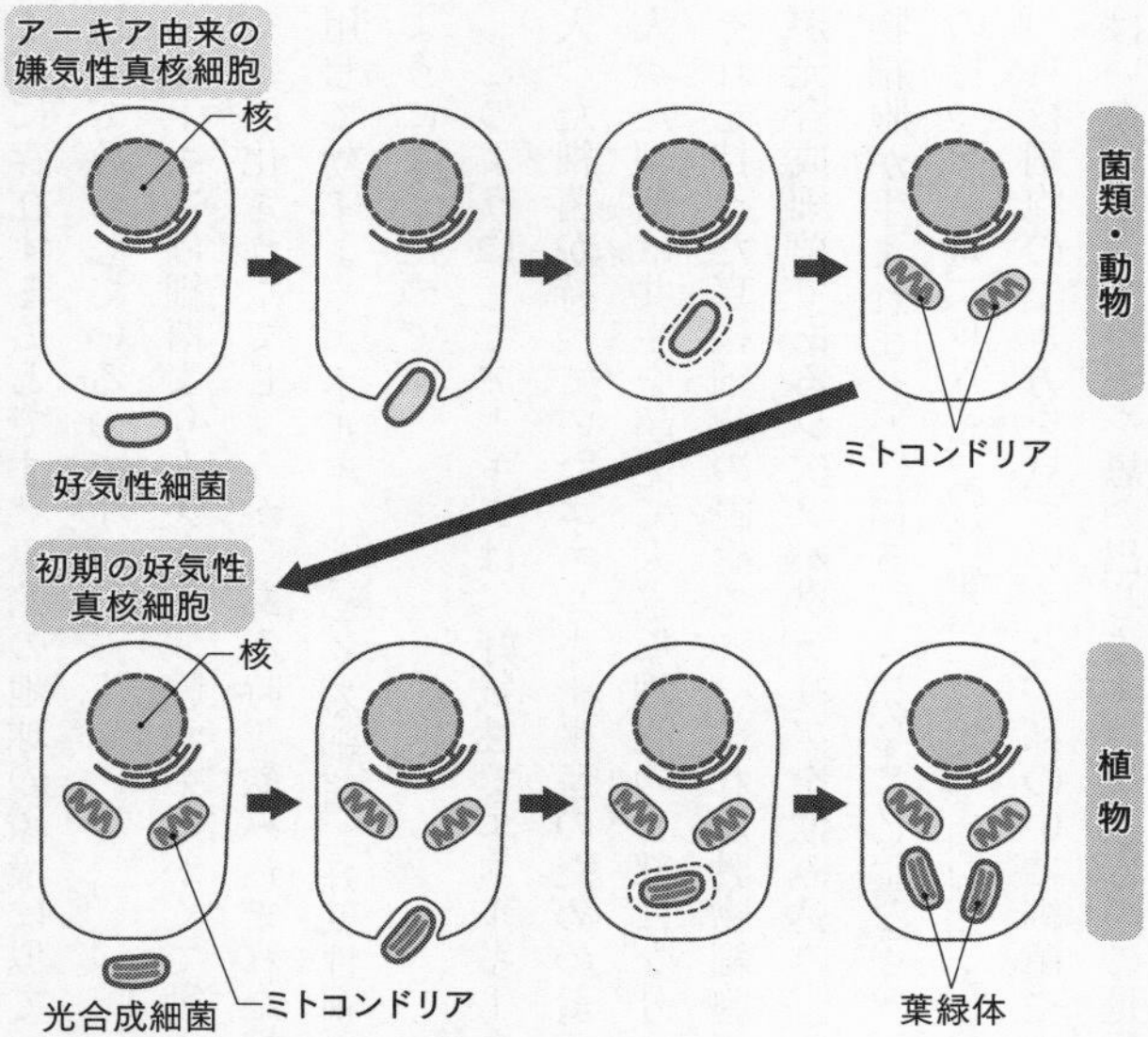

図５　動物細胞と植物細胞の誕生
出所：『Essential 細胞生物学』より改変

ってしまうことがよくあります。「共生」と呼ばれますが、実例を見ていくと、むしろなくてはならないものとなり、その一部と言ってよい状況になることが多いのです。

「私」と思っているものの中にまったく異なるものが入り込み私そのものになる。そのことが、生命の歴史の中で私たちの身体を構成する細胞を創り出すところで起きていたことは重要です。「生きものの中の私」という見方をすると、自己を他と分けて考えるより、さまざまなものを共に存在させ、その能力をうまく生かして新しい可能性を探っていく方が生産的であることがわかります。

現時点での自分を主張するのでなく、謙虚に多様な生き方に目を向ける方が新しい何かが生まれるということではないでしょうか。共生という言葉を、お互い頼り合ってまあこの辺でという甘いイメージで受け止めるのは間違いです。長い生きものの歴史の中ではさまざまな形での共生が生じ、それによって新しい生き方が生まれてきたのです。「『私たち生きもの』の中の私」という言葉には、このような意味が含まれています。

ミトコンドリアだけ持つ動物細胞、葉緑体も持つ植物細胞が生まれ、そこから今の生態系がつくられてきました。私たち動物は、エネルギーを効率よく使って生きていくためのミトコンドリアは手に入れましたが、太陽エネルギーを巧みに活用する光合成能力を持つ葉緑体は持ちませんでした。ここで覚悟を決めなければなりません。エネルギー利用については、植物に頼るというシステムになっているのだと。私たちは、植物や細菌の力に頼って生きる存在として地球上にいるということを頭の中にしっかり叩き込むことです。私たちの体内に常在菌がいることを思い出しましょう。動物の一つである人間は農耕を始め、文化・文明を持つ独特の生き方をしましたが、そこでも生物界が示すエネルギーの動きを生かした賢い暮らし方が求められます。

今歩いている道は違うのではないかという問いは、私たちは生きものとして賢くふるまう覚悟をしていないのではないかという問いです。本来の道を探すには、生きものの長い歴史の中で起きたことをよく見て、生きもののありようを知ることが大事です。そこには生きものの仲間の一つである人間の生き方を考えるための知恵がたくさんあるのですから。

6 ウイルスという奇妙で興味深い存在——動く遺伝子

そもそもウイルスとは何か

いよいよ生きものの中の人間に目を向けていくのですが、その前にパンデミックで私たちの生き方を問うたウイルスを見ておきます。ウイルス自身は生きものではありませんが、生きものを利用して存在し続けるという性質を持つので生きものがいなければ存続できません。そして、生きもののいるところ必ずウイルスありなのです。私たちの体内にも常在菌と共に、ウイルスがいることがわかってきました。

詳述する余裕はないのですが、ウイルスとは何かと問われたらわたしは「動きまわる遺伝子」と答えます（『ウイルスは「動く遺伝子」』（エクスナレッジ）を参照して下さい）。遺伝子は通常ＤＮＡですが、ウイルスの場合、ＲＮＡが遺伝子の役割をしている場合もあります。Ｒ

NAは細胞の中ではDNAの情報を運ぶ補佐役ですが、大昔、生命誕生の時には、RNAが遺伝子としてはたらいていたと考えられますので、ウイルスに当時の様子が残っているのではないかと思われます。遺伝子は特定の個体の性質を決めるので、固定的に捉えられがちですが、すべての生きものに共有されているものであり、しかもさまざまな形で動きまわっていることがわかってきました。

DNAやRNAは壊れやすいので、これをタンパク質の着物で保護して動きまわっているのがウイルスなのです。時にはその外にもう一つ脂質の膜を被っている場合もあります。ウイルスは生きものではないので、「生命誌絵巻」には描いてありませんが、どの生きものにもそれに感染するウイルスは存在しますので、扇の中のあらゆる場所にウイルスはいるのだと意識していなければなりません。

生きものの進化の歴史を見ると、ウイルスが生きものの間で遺伝子を動かしている様子が見えてきます。人間のゲノムの中にもウイルスが運び込んできたDNAが全体の8%あるとされます。しかも哺乳類にとって重要な胎盤づくりに必要なシンシチンの遺伝子はウイルス由来というのですから、ウイルスによるDNAの動きの意味は大きいとわかります。そのようなウイルスは、生きものの世界のダイナミズムを支えている存在と言えます。

イルスの中で、コウモリに常在しているコロナウイルスの一つが、中国で哺乳動物（ハクビシンともタヌキとも言われています）に移り、さらに人間に感染したところから、COVID-19パンデミックが始まりました。それまでの日本では、感染症を抑え込んでいると思い込んでいた節があります。はしかも天然痘もポリオも、子どもの頃にワクチンを打っているから大丈夫。エイズという新しいタイプの病気に驚きはしましたが、薬が開発され対応しました。毎年インフルエンザは流行するけれど……つまりさまざまなウイルスが身のまわりにいるのに、それを意識することなく暮らしてきたのが、近年の私たちです。これだけ科学技術が進んでいるのだから、ウイルス如きにやられはしないと慢心していたように思います。

ところが、新型コロナウイルスはクルーズ船内で感染を広げ、死者も出て大騒ぎになりました。さて身を守るにはどうするかとなったら、手を洗い、マスクをし、密を避けるという、なんとも素朴な対策でした。各人が社会の一員としての役割を果たすことが求められたのです。これも「私たちの中の私」というところから考える大事なテーマです。

コロナ禍から真に抜け出すには

コロナウイルスは、インフルエンザウイルスもその仲間という、ある意味馴染みのウイルスです。コロナウイルスによって２００３年に中国を中心として、２０１４年に中東を中心としてそれぞれ流行したＳＡＲＳ（重症急性呼吸器症候群）やＭＥＲＳ（中東呼吸器症候群）などの場合、比較的素早く流行を抑え込みました。今回のCOVID-19も、ウイルスゲノムを解析し、そこからＰＣＲ検査での感染者の検出やワクチン製造をする（日本は自国でのワクチン製造ができず、科学技術立国という言葉が空しく響きました。これは大きな課題ですが、ここではこれ以上深入りしません）など、21世紀ならではの対応がありました。これまでのワクチン製造方法だったら10年かかるかもしれないところが、ｍＲＮＡワクチンというまったく新しい発想と製法を生かしたのはさすがでした。こうして、科学技術を持つ人間の力を見せつけてウイルスと闘う姿から、「コロナに打ち勝つ」という言葉がよく聞かれました。けれども、ウイルスには生態系のダイナミズムを支える役割があるのですから、単純に打ち勝つべき敵ではありません。

新型コロナウイルスは、当初考えられていたよりも複雑な様相を示しました。ウイルスが変異をすることは専門家なら当然予測していたことですが、ウイルスは自身の存続を求めて弱毒化して落ち着くというのが科学での常識でした。ところが新型コロナウイルスは様子が違いました。日本で２０２１年春頃から主流となっていたデルタ株は、感染率、重症化率共に原株より高く、医療現場の逼迫を招きました。専門家が「こんなウイルス、見たことありません」と語っているのが印象的でした。しかも後遺症が残ります。テレビのニュースで認知能力が低下して仕事が続けられず、退職に追い込まれた30代の男性の姿が映し出された時の諦めたような様子が忘れられません。ウイルスは脳に入るはずはない（これも常識に過ぎませんが）とされてきましたが、亡くなった方の解剖で脳への影響が見られました。長期症状のほとんどが、神経の不調により認知機能が衰えたり、自律神経の不調で痛みや極度の疲労に陥ったりしています。脳で免疫細胞が過剰に活性化し、神経を害していることがわかってきました。思いがけない出来事の連続です。

科学技術と経済の力で闘って打ち勝ち、思い通りの社会を組み立てることをよしとしてきた私たちにとって、思いがけない事態が次々に起き、混乱しているのが現状です。ワクチンを打ち、集団免疫を獲得する方法とて絶対ではありません。副作用やワクチンを打った人の死亡例など、わからないことだらけです。

ここから抜け出す方法は、「私たち生きもの」というところから始まる「私たち意識」です。ウイルスは生態系にまんべんなく存在しており、打ち勝つ相手ではありません。感染によって炎症を引き起こすものに対しては対抗しなければなりませんが、ウイルスは生きもののダイナミズムを支える存在としてあり続けるでしょう。ウイルスも多様なのです。ウイルスをよく知って、賢く生きるのが、生きものとして本来の道の歩み方です。

7 「私たち生きもの」の中に人間登場

最初に陸に上がった生きものたち

進歩を求めて自然を離れ、科学技術ですべてを解決しようとしている現代社会のありようを、自然と向き合うところから考え直し、「『私たち生きもの』の中の私」として生きる新しい道を探る必要性と可能性を探るのが本書の目的です。

進化しながら継続してきた生きものの中でヒト、つまり私たち人間が誕生しました。ところがその人間がいつの間にか「続いていく」という生きものにとってはあたりまえのことができそうもないところにきているのです。自然離れをし、成長・拡大・効率というかけ声のもと、資源やエネルギーを大量消費し、炭素循環という生きものの基本を無視した社会をつくってきたためです。今必要なのは、「私たち生きもの」という意識を持って、次の世代、次の次の世代へと続いていく生き方を探ることです。

そこで生命誌、つまり40億年にわたる生きものの歴史物語の中の人間を考えるために、約5億年前の生きものたちの上陸から始めます。生きものは35億年近く水中だけに存在し、陸地は岩や砂しかない寂寞《じゃくまく》の地でした。最初に陸に上がったのは植物です。その結果、地球は海のある「青い星」であると同時に、みごとな森林に覆われた「緑の星」にもなっていきます。この豊かな生態系をありがたく感じると同時に、なぜ生きものは陸に上がったのだろうとふしぎに思うことがあります。水がなければ生きていけないのが生きものなのですから。上陸すれば日光の紫外線がDNAを壊し、身体の水分が蒸発する危険がありますし、重力にも逆らわなければなりません。水中で漂ったり泳いだりしている方がはるかに楽でしょう。なぜと聞いても仕方のないこと、ここは、生きものは挑戦が好きなのだと思うことにします。森は私たち人間の歴史の始まりの場であり、人間もそこから挑戦を始めました。今も私たちは挑戦を続け、新技術を開発したり、宇宙旅行を夢見たりしています。本来の生き方の中に挑戦は含まれているのだけれど、その方向が問題です。

水中からまず出て行ったのはシャジクモ（藻類）の仲間と言われていますが、陸上では単独行動ではなく、菌類（カビ、キノコの仲間で、以前は植物に近いとされていましたが、ゲノム解析の結果、動物の系統に近いことがわかりました。見かけからは想像しにくい結果です）と一緒に暮らします。そのような仲間は「地衣類」と呼ばれ、今も過酷な環境でも生きられる仲間として知られています。

藻類は光合成で糖分をつくり、菌類は触手を伸ばして水や無機塩類をとって、お互い補完し合いながら巧みに暮らしています。単独でなく「私たち」で行こうという戦略は、ここでも生きています。上陸した地衣類が行ったもう一つの工夫は、体表にロウのような脂肪質で「クチクラ」をつくり、水分の蒸発を防ぐことでした。この時呼吸に必要な気孔をつくることは忘れませんでした。一つひとつ見ていくと、小さな生きもののみごとな工夫が見えてきて、人間もしっかり工夫をして生きていかなければいけないぞと気が引き締まります。

上陸後4000万年ほどして、茎がのびて直立し、枝分かれする植物（クックソニア）が生まれ、その後地中に根、空中には葉が広がっていきます。茎は幹へと変わり、樹木が生まれて針葉樹林ができ上がります。

植物の上陸からほどなくして、昆虫類が上陸します。ヤスデやサソリに始まり、今や動物の種全体の70％を占めると言われる多様な昆虫の世界ができますが、昆虫の進化で興味深いのは、翅《はね》を持ったことでしょう。それによって、空が生きものの世界になったのですから。

水中にいたらせいぜいトビウオです。地上に出てみたら、そこは空とつながっていて、新しい世界が広がったのです。肩ひじ張らずに変化を楽しむ生き方です。

いよいよ脊椎動物、つまり魚たちの上陸です。両生類は、カエルでわかるように卵は水中ですから、まだ完全には水と別れていません。卵に殻がつき、羊膜が胎児を守る爬虫類になってようやく完全な上陸と言えます。こうして恐竜、鳥類が生まれ、哺乳類も生まれてくるあたりは、絵本や図鑑でおなじみのところです。このように多様な植物、動物、菌類がつくる世界に最後に登場するのがヒトです。森の中で７００万年ほど前に生まれました。

たくさんの挑戦、たくさんの智恵

大雑把な歴史ですが、５億年かけてでき上がってきた「私たち生きもの」の中にさまざまな知恵、別の言葉を使うなら、さまざまな挑戦が秘められていることを感じ取っていただけたでしょうか。しかもそれは、一つひとつの生きものの行動というより私たち生きものとして関わり合いを持ちながらの行動であることも見えてきました。

ここに入っているたくさんの知恵に学び、その上に人間独自の知恵を重ねて生き方を探りたいのです。現在の生き方は、知恵を忘れ、知識だけで行こうとし過ぎています。それでは良い生き方にはならないことが見え始めています。

窓を閉め切って空調の効いた部屋の中でコンピュータに向き合い、仕事が終わったら冷凍庫から出したピザを焼いてビールと一緒に楽しむ。土に触れることもなく人工の空間の中で生活をしながら、いつかAIが人間を超える日が来るだろうと考える。これが現代人の典型的な生き方だとしたら、『私たち生きもの』の中の私」としては情けない気がします。コンピュータの活用は人間の挑戦の一つとしてもちろんありですが、そこでの主人公はあくまでも人間です。私たちの一人ひとりが生き生きと暮らせる社会を支えるために、機械はつくられたのですから。

ちなみにわたしの家では、空調機は来客時以外使いません。春から秋はその日の風向きを見て窓を開け、風の通り道に座ることに決めており、これがとても気持ちよいのです。雲の動き、風の通り道を眺めていると、ウグイスとミンミンゼミが一緒に聞こえるという最近のふしぎな季節感もまた、何かを考えさせてくれます。冬は南の窓近くが定位置です。

生きものである人間について考えるにあたって、挨拶をしておくべき近しい仲間は現存のヒト科であるオランウータン、ゴリラ、チンパンジー、ボノボで、いずれも森に暮らしています。オランウータンは東南アジアの熱帯林、それ以外は皆アフリカの熱帯林で、果実が主食です。消えてしまったヒト属の祖先も同じような暮らしをしていたでしょう。ゲノム解析の結果、ヒトと最も近いチンパンジーとは全体として数%しか違わないことが明らかになっています。

とくにアフリカの森で今も暮らすゴリラとチンパンジーについては多くの研究がなされており、その性質や暮らしにはヒトと近いものもたくさんありますから、そこから学ぶことは少なくありません。

空調の効いた高層ビルの一室でコンピュータに向き合う人間の第一歩は、森から踏み出されました。これまで私たちが歩いてきたのは、森を忘れようとする道でしたが、今、自然との向き合い方を再考する必要が出てきたと思う方は少なくないでしょう。大気への二酸化炭素の排出量を減らさなければならないことは明らかであり、それは技術や政策だけで答えを出せる問題ではありません。40億年の歴史を持つ生きものたちの世界の一員としての人間であるという意識が必要不可欠です。一人ひとりが「『私たち生きもの』の中の私」としての生き方を考えることで、今とは違う本来の道が見えてくるはずです。

8

「私たち家族の中の私」への道

古いものを捨てずに生かす

「私たち生きもの」という仲間として、さまざまな生きものたちがそれぞれに生きているのが地球という星です。私たちでありながら決して皆が同じではなく、アリはアリらしく、ライオンはライオンらしく生きているという多様性が「私たち生きもの」の特徴です。しかも一方ですべての生きものがつながりを持ち、私という存在が孤立したものとしては存在し得ないつながりがあります。私たち人間もその中で生きているのです。

生きものとしての私たち人間の出発点は森ですが、その森を出て暮らし始めたところに特徴があります。近い仲間であるチンパンジー、ボノボ、ゴリラ、オランウータンは今も森の生活を続けており、その暮らしは恐らく人類と分かれた時と変わらないでしょう。森を出たことが今の科学技術文明社会にまでつながるのですが、森が故郷であることは今も変わりません。ところが、現代の生き方、とくに都市生活は、それをすっかり忘れています。それでよいのだろうかという問いを持ちながら、人類の歩んだ道を見ていきます。

生きものの特徴は、古い時代のことを忘れない、古いものを捨てない、というところにあります。生きものは進化をし、しかも水から離れて上陸をしただけでなく、空へも飛び出すなど挑戦を続けてきました。けれども、今も生きものにとって水は不可欠です。この性質は生きものすべてに共通であり、これからも失われることはないでしょう。DNAのはたらき方がすべての生きもので共通であることはすでに述べました。40億年の間、基本を変えずにこれだけ多様化し、新しい生き方を獲得してきた生きもののシステムには、学ぶことがたくさんあります。

一方、現代社会の技術では、新バージョンは古いものとの共通性を捨てることをよしとします。積み重ねではなく切り捨てであり、それは私たち現代人の意識に大きな影響を与えています。たとえば、縄文人のことを語る時、その人たちを現代人より劣った別の存在と位置づけていないでしょうか。石器を用いている人よりコンピュータを使いこなしている人の方が優れているのだと思ってはいないでしょうか。

生きものとしては、まったく同じ細胞がはたらいており、脳の構造も機能も基本は変わっていません。自然への対応を見れば、縄文時代の人の方が、日常出会う動物や身近な植物に関する知識は、都会暮らしのわたしより豊かだったでしょうし、それらへの対応能力は優れていたに違いありません。ここには、学ぶところがたくさんあるはずです。性能のよりよい機械を求め、古い機械を捨てていくのと同じ感覚で古代の人を見下すのは間違っています。考え方を機械型でなく生きもの型にしましょう。

二足歩行を始めた理由

ここで、森を出るという霊長類としては特別な生き方を始めた人類の誕生を見ていきます。アフリカの森で暮らすチンパンジーとの共通祖先から人類（生物学ではヒトと呼ぶ）へと進化する物語は、今から700万年ほど前に始まったとされます。ゲノム（細胞にある全DNA）解析で、チンパンジーが一番ヒトに近く、700万年ほど前に分かれ、ゴリラは900万年ほど前に分岐したということがわかりました。

チンパンジーとヒトのゲノムの差はわずか1・2%であり、しかもこれぞヒトをヒトたらしめているという遺伝子が見出されてはいません。全体としては明らかに違うのに、部分の違いでは説明できないのです。生きものは、それぞれ特徴がありながら、地続きなもの、全体で捉えるものなのだとわかります。

一方、化石から知られる特徴には、二足歩行とそれに伴う身体の変化と小さな犬歯があります。なぜ私たちの祖先は直立二足歩行を始めたのか。これはさまざまな状況証拠から考える他ありませんので、いくつかの説があり、これぞという決定版があるわけではありません。その中で、比較的多くの専門家が認めており、わたしも好きな説があります。

チンパンジーも含めて動物の多くは犬歯が発達しており、時には牙にもなっています。これは戦いに役立ちます。つまり犬歯が小さいということは、けんかが強くないということです。他の動物との争いは避けたでしょうし、仲間内でも力での戦いはあまりなかったでしょう。弱い人間は、家族やそれが集まった集団をつくって暮らしていました。

そんな祖先が暮らしていたアフリカの森は、果物などの食べものが豊富な場所でした。ところが1000万年前頃からアフリカが少しずつ乾燥した気候になり始めたらしいのです。森林だったところが森林と草原の混じる場に変わっていきました。植生も変化し、食べものが以前よりも少なくなったので、広範囲を探し歩かなければなりません。犬歯が小さく弱いヒトの仲間は、食べものの豊かな場所から追い出されたでしょう。森の端や草原に出て行くことになり、食べものを遠くまで探しに行かなければならなかったのです。

そこで、果物などを採ったオスが立ち上がってそれを手にのせ、離れたところにいる子どもを抱えたメスのところまで運んだのが二足歩行のきっかけだというのです。その様子を思い浮かべると愛おしくなり、家族を大事にする気持ちに思い入れをしてしまいます。犬歯が小さくちょっと弱虫だったからということも含めて好きな説です。

弱いというとマイナスのイメージが浮かびますが、今でも強引な強者より弱い人の方が、なんとかしようとあれこれ工夫をして新しい可能性を生み出すところがあります。弱いのは悪くありません。けんかもあまりなかったでしょう。この頃の脳の大きさは他の類人猿と変わりませんが、私たちの祖先はよい特徴を手にしました。家族、時にはもう少し広い意味での仲間のいる、人間らしい暮らしの始まりです。

脳の大きさと適切な集団サイズ

二足歩行をきっかけに、身体にも人間に特有の進化が起きていきます。一つは脳の大型化です。250万年ほど前に600ccになり、ここから「ホモ」と名付けた仲間になります。「ホモ・ハビリス」です。次いでホモ・エレクトゥスが生まれ、現存の私たちホモ・サピエンスにつながります。石器（最初の石器はオルドワンと呼ばれます）づくりが始まり、「私たち生きもの」の中で人間だけが歩む独自の道へと進んでいきます。

脳の大型化は、人間らしさを支える変化です。700万年ほど前に二足歩行を始めて以来あまり変化のなかった脳が、500万年前近くになると大きくなり始め、そこからネアンデルタール人で1500ccと最大になり、ホモ・サピエンスはなぜかそれより小さい1350ccほどが平均値とされます。つまり2倍以上大きくなってきました。脳の大型化と連動する事柄についてはまだ確たる答えはありませんが、いくつかの考え方の中でわたしが関心を持ったのが食物です。現存の狩猟採集民の食物のほとんどは女性が採取する植物であり、時に小動物を食べることはあっても、大型獣は主な食べものではありません。人類の始まりの頃も同じような生活をしていたことでしょう。

250万年前につくり始めた石器は、植物性の食物や小動物の処理に大いに役立ったに違いありません。さらに石器は肉食獣の食べ残しから肉をはずし、骨から骨髄を取り出して食べることを可能にし、こうした栄養状態の改善が脳の大型化につながったと考えられます。

脳は私たちの体重の2％ほどの重さしかないのに、消費エネルギーは全体の20～25％にもなりますので、栄養が充分とれないと大きな脳は維持できません。植物食ではそれを支えるのは無理であり、石器の製作と利用が不可欠だったでしょう。オルドワン石器は運搬されたことがわかっており、そこではつくり方、使い方についての情報の伝達があったと思われます。社会が広がったものになっていったのです。こうして人間らしい生活が生まれてきました。雑食は人間の持つ特徴の一つです。体型も手が短くなり、身長が伸び、脚が長くなって大型の脳を支えます。

脳の大きさと関連して、いくつかの数字が出されています。ロビン・ダンバー（イギリスの人類学者、進化生物学者）が、人類以外のヒト科の仲間やその他の猿類の脳容量を調べ、それと相関関係のある指標を探しました。答えは、集団サイズでした。そこで人類の化石での脳の大きさとその時代の集団サイズを見ていくと、脳が大きくなる前は10人を超えるか超えないかの少人数だった集団サイズが、２００万年ほど前に脳が大きくなった時には30人ほどになったことがわかりました。

私たちホモ・サピエンスが持つ１５００ccの脳ですと、１５０人ほどが適切な集団サイズと計算されます。これはダンバー数と呼ばれ、現存の狩猟採集民はそのくらいの人数が一緒に暮らしているという値も出されています。年賀状のやりとりはこのくらいが限度であり、それを超えると義理になるという意見を聞いてなるほどと思いました。

食べものも仲間の大きさも日常の重要な要素です。今でも家族のような親密な仲間は10人ほど、学校のクラスは30人ほどですから、「私たち生きもの」という感覚で生きるということは、このような仲間を大切に暮らすことなのではないでしょうか。現代社会では、情報機器を利用して世界中のどこにいる誰とでもつながれます。実際に訪れることも可能です。けれどもそのような広がりを意味あるものにするには、近くで接する10人、30人という人々との関わりが不可欠なのです。関連する人が、たとえ何万人、何十万人と増えても、それだけでは何の意味もありません。日常的な生身の人間同士の関わりという前提なしには。

このように考えてくると、人間への道は弱さを生かした共感による仲間づくりであり、その基本に家族が浮かび上がります。近年、家族の基本となる行動は共同での子育てと共食であることがわかってきました。犬歯が小さく争いにあまり強くはないために、草原へと出て行ったというところから始まり、仲間と一緒の暮らしが基本になり家族が大切になったという人間へ向けての物語。なんだかほのぼのします。

人間らしい生活は、「私たち生きもの」の中で、「私たち家族の中の私」として生きていく存在として始まりました。遠くから食べものを運び続けているうちに、採集する時から家族と一緒に食べることを楽しみにし、その時を思い浮かべるようになっていったのではないでしょうか。家族も、そろそろ美味《おい》しい食べものを持ってお父さんが帰ってくる頃かなと思って待っていたのでしょう。どこにもそんな記録があるわけではありませんが、人間の特徴である想像力をはたらかせると、そこに生まれる共感が、日々の暮らしを支えた姿を浮かび上がらせます。

家族の歴史を振り返る

今、家族のありようが大きな問題になっています。両親と子どもたちがいて、祖父や祖母も一緒に暮らすという家族像は大きく揺れ始めています。典型的家族を思い描いて、そこにあてはまらないものに「?」をつける時代は終わりました。家族論はしません。現実を見て、一人ひとりが納得のいく形で生きていけばよいのですから。

ただ40億年続いてきた多様な生きものの中で、人間が人間の特徴を生かして暮らし始めた最初にあった、家族という「私たち」は大事にしたいものです。日々を共にする仲間としての家族です。古いものを捨てないという生きものの性質から見て、今を生きる私たちの中に、始まりの時の記憶は残っているはずです。

社会の基本単位としての家族は、すべての時代、すべての地域で同じ姿で存在してきたわけではありません。

政治体制、つまり社会のありようと家族構造との関係を見出したフランスの人類学者、エマニュエル・トッドの指摘に興味深いものがあります。

私たちは「以前は構成メンバーの多い大家族の中で息の詰まるような暮らし方をしていたが、近代になって核家族になり、夫婦を中心とし、個人が解放された自由な社会になった」と思いがちです。けれども、狩猟採集時代に生まれた家族は、まさに核家族だったのです。トッドによれば、農業が始まってから6000年ほどたった紀元前3000年頃、当時の農業先進地域であったメソポタミアの南部、シュメールで、長子相続制が生まれたのだそうです。それから5000年、家族は核家族→直系家族→共同体家族という形で「進化」し、その間に男性、父系の権力が強くなり、女性、母系の地位が低下したというのが大きな流れだという指摘です。ユーラシア大陸ではメソポタミアと中国、つまり文明の発祥地とされるところが、家族システムの先進地域でもあり、女性の地位低下地域であったともあります。

原初の核家族の場合、男性の狩猟、女性の採集という分業があったとしても、自然の中で生きていくためには連帯は重要であり、助け合いながらの平等があったに違いありません。厳しい環境の中で生き延びるために、子どもや老人を切り捨てることもなされたでしょうが、老いた両親との同居など、必要な時には柔軟な対応をする自由のある家族だったと考えられます。このような家族が集まって、ダンバーの出した30人、時には１５０人レベルの集団をつくって暮らすこともあったというのが、今、思い描く原初の暮らしです。

家族は暮らしの単位として重要であり、そこでは本来、男女は助け合う平等な存在であったという基本を意識しながら、その内容はさまざまだという柔軟性を忘れないことが、暮らしやすい社会を求めるために必要な家族観です。

9 「私たち家族」を支える基本の一つは共食

人間として生きる基本に「私たち家族」があることを見てきました。現代社会では、夫婦や親子であるがゆえの面倒なしがらみも浮かび上がり、家族の捉え方を柔軟にしていく必要は感じます。ＬＧＢＴＱの問題も含めて、ゆるやかな関係が求められます。その上で、基本である「私たち家族」の意味を見ていきます。

肉食のルーツ

日常を共に暮らす仲間である家族の原点に「共食」と「育児」があります。人間特有の二足歩行は、家族のための食べものを運ぼうとして立ち上がったところから始まったという説が好きだと書きました。ヒト以外の霊長類の仲間はすべて森林で樹上生活をし、草食性です。オランウータンとゴリラは完全な草食性ですし、チンパンジーもほとんど草食と言えます。

私たちの祖先も、森林の中で果物や時に木の葉や樹皮などを食べて生きていたに違いありません。最も近縁のチンパンジーがそうであるように、昆虫やトカゲなどの小さな爬虫類も食べていたでしょうけれど。

森をはずれて暮らす生活が始まった時には、森の中にいた時よりは果物が充分でないこともあり肉を探し始めます。二足歩行を始めた猿人の段階で石器を用いるようになった私たちの祖先は、まず、草原に野生動物が残していった獣骨に少しくっついている肉をはがして食べたようです。そこで植物やこれまで食べていた昆虫などとは違う肉の旨味を感じたのではないでしょうか。

250万年ほど前にホモ属になると、さらに肉を食べるようになっていきました。ここでも、大型の動物を対象にした狩猟以前に、野生動物が残した屍肉《しにく》を食べていたようです。とくに骨を割ると出てくる骨髄を食したことで栄養価の高い食事となり、エネルギーを大量に必要とする脳が大きくなりました。脳の拡大が道具の工夫を生み、本格的狩猟へとつながっていく歴史が見えてきます。こうして、本格的な狩猟採集社会が始まります。とくに大きな獲物が取れた時は、家族みんながウキウキして賑やかな食事になったに違いありません。

弱いからこそ共食する

いよいよ私たちの直接の祖先であるホモ・サピエンスの誕生です。狩猟では、家族より大きな集団で動かなければ大型動物には向かっていけません。皆で追いかけ、石を投げたり、わなを工夫したりという協力が必要です。こうして得た食べものは仲間の皆で分けますから、ここでも共食がなされたでしょう。こうしてまず家族、さらにいくつかの家族の集まりという、人間ならではの仲間とのつながりが食を通して広がっていきました。

脳はたくさんのエネルギーを必要とする臓器であり、これが大きくなることは、身体のどこかでの省エネを必要としました。植物よりも肉の方が消化しやすく、腸が短くて済み、実際に人類ではそれが起きています。調理ももちろん消化を助けました。こうして食べることの進化が、大きな脳という私たち人間を特徴づける進化を促したのです。

生活という文化と生きものとしての身体とは、深く関わり合っています。それは現在も起きているはずで、何を誰と一緒にどのようにして食べるかは、人間にとって大事なことです。一日のかなりの時間、スマホに向き合う生活の、脳への影響は、真剣に考える必要があるはずです。スマホを見ながら食事をしている若い人を見ることも少なくありませんので。

共食を支えているのは、食べものを分け合うという行為です。サルの仲間では、強い個体が手にした食べものを独り占めします。チンパンジーやゴリラになると、美味しそうな食べものを強い個体が持っている時に、弱い個体が欲しそうな素振りを見せます。強いオスが肉や大きなフルーツを食べているところへメスや子どもがちょうだい、ちょうだいと求めに来る映像があり、そこではオスが渋々ではありますけれど分けてやっていました。それを見て、人間もこれとあまり違わないなと思いました。霊長類で生まれ始めた共食の土台を人間は強化していったのです。

人間の共食には、他の種では見られない特徴があります。食べものを平等に分け合うのです。欲しいと言われて渡すのではなく、食べものを手に入れる時から家族、時にはもっと広い仲間と共に食べることを考えているのです。人間らしさに向けての大きな変化です。

人間は他の霊長類より弱かったので、森のはずれに暮らすようになり、さらには森の外へまで出て行ったという説を、食べものの運搬と関連づけて紹介しました。そのような厳しい環境での生活が、皆で一緒に食べることによって仲間意識を強くした方が生き残れるという判断を生み出したのだろうと思われます。弱いことが、社会性の強い生き方を生み出したとも言えます。ここからコミュニケーションの大切さが生じ、言葉の誕生にまでつながるのだろうと思います。共食は、家族という基本単位と狩猟採集活動の仲間という二つの集団に上手に属していく複雑な人間の生き方を支えており、その意味はとても大きいのです。「私たち家族」だけに固執して排他的になるのではなく、「私たち地域仲間」の意識も持てるのが人間らしさです。家族という核を持ちながら仲間を広げることができるという人間の能力のすばらしさを自覚したいと思います。

調理は人間に何をもたらしたのか

食に関する大きな出来事の一つに、火の使用があります。始まりの検証が難しく、170万年前から20万年前までという幅広い説があり、決定的な答えはまだ出ていません。いずれにしても最初は山火事などの残り火を用いるところから始まり、自分で火を起こして日常的な煮炊きに使うようになったのは30万年ほど前であり、ホモ・サピエンスは最初から調理をしていただろうとされます。火の力は生活のさまざまな面で発揮されますが、調理の持つ意味はとても大きいのです。

火を用いた調理は、共食の習慣をさらに強いものにしたに違いありません。今も私たち日本人は鍋料理（アメリカ人ならバーベキューでしょうか）が大好きです。寒くなるのは嬉しくないけれど鍋料理を楽しむのはやはり冬、その年に初めて「今日は鍋料理」と決めて買い物に出る時はいつもニコニコです。仲間との時は、必ず鍋奉行を自称する人が登場して、ワイワイガヤガヤ。食べるのとしゃべるのに忙しい時間が生まれます。火を使い始めた頃にも、火のまわりに皆が集まり、食べものを分け合いコミュニケーション（言葉はなくとも）を楽しんだに違いありません。共食による仲間意識は、ここでより強くなったでしょう。鍋を囲みながらこのようなことを考えていると、古代人がとても身近に感じられます。

調理は生では食べにくい、または消化できないものも食べられるようにして、食の幅を広げます。火を通すことで成分が変化して独自の味を生み出し美味しくなります。自然のままの食べものについている病原菌や寄生虫を殺し、消毒の役割を果たします。調理したものは噛むのが楽で、消化がよいので、食事の時間が楽しくなります。共食を楽しむと言っても、生肉を囓《かじ》っていると一日5時間ほどを食事の時間にしなければならないので大変です。調理によって、これが1時間ほどに縮んだとされます。そのような楽しみの共有が続くと、それが一つの文化になっていきます。こうして現代社会に存在する家族の味、地域の味などの食文化が生まれてきた経緯は、人類の歴史の大事な部分を形成しています。

今も、調理をしながらもっと美味しくしたい、健康によい食事を用意しようと工夫が続いています。食べるという生きることの原点が日常の楽しさにつながり、共に生きるという人間らしい生き方を支える生活はこれからも続いていくことでしょう。調理と共食という日常に、30万年前からの連続性を感じ、人間の原点を思いながらこれからの生き方を考えることができます。食という日常には大きな意味があると実感します。

集団を保つ秘訣は平等

人類の歴史は、まずアフリカの森林、それからサバンナへという流れで見ますので、森林にいる動物の肉を食べている姿を思い描きますが、人々はもちろん川や湖、さらには海からの魚や貝なども食べていました。近年、遺跡からその痕跡が発見されており、調査が進めば進むほどに、古代の人々がさまざまな食べものに支えられる豊かな暮らしをしていた様子が見えてきます。

時には遠出をして見つけてきた食べものには、これまで食べたことのないものもあったでしょう。自然界には毒を持つものが少なくありません。新しいものを食べる時には、きっと皆であれこれ工夫をしたでしょう。それを手に入れてきた人への信頼も必要です。こうして家族や仲間の中に、信頼や共感が培われていったのではないでしょうか。

今もアフリカなどに存在する狩猟集団では、構成員の獲物に対する権利は平等だそうです。

狩りには役割分担があり、最後に獲物を仕留めた人が一番大きな役割をしたと評価されそうですが、皆平等というのが、集団を保つために不可欠とされているとのことです。日本にも少数残っているマタギ集団でもまったく同じだと聞きました。平等であることが集団を継続させるための最高のありようであると、経験から学ぶこと大です。

食べるという、生きものとしての生存の根っこを見ていくと、人間の特徴が生まれ、人間社会の基本ができていった様子が明快に見えてくるのは興味深いことです。基本単位である家族10人ほど、狩猟を可能にする仲間30人ほどの間は共感と平等で結ばれているのです。現代の生き方もこれを基本にするのが、人間らしく生きることではないでしょうか。

仕事には役割分担があり、どの役割も不可欠であるとすれば、それぞれがその役割を誠実に全うすることでしか事は成りません。そこではそれぞれが平等に評価されて当然です。現代は一つの物差しで能力を測り、格差を生み出しています。このような社会が住みにくいのは、生きものとして生きる姿とかけ離れているからでしょう。自然な形で生まれる平らな社会に暮らしたいものです。

個食・孤食の時代に

家族とは共食をする生活の基本単位であるとすれば、そこに血縁関係があるか否かというような面倒な話は抜きにした仲間と捉えることができます。今もこのような仲間の重要性は変わりません。社会が複雑化し、共食でなく個食、孤食をせざるを得ない状況が生まれている現代社会の見直しが必要です。

近代化とは個の確立であり、とくに日本では、それまで大切とされてきた「和」をなあなあの世界と見て、独立した私を評価するようになりました。もちろん生命誌で見ても、一人ひとりは唯一無二の存在として生まれてくることは明確な事実であり、かけがえのない個として生きることは大事ですが、それを「『私たち生きもの』の中の私」や「『私たち家族』の中の私」の否定につなげてはなりません。

共食とは、同じ場所にいて食べるというだけでなく、その間の関わり合いが大事です。それは単なる情報交換ではない、心のやりとりです。新型コロナの感染拡大によって学校での給食が黙食になり、子どもたちが落ち着かずイライラしている様子でした。話を交わし、仲間であることを感じながら食べるのが共食なのです。ただおしゃべりをするより、食べながらの方が楽しいことがコロナ禍でよくわかりました。

職場や学校での仲間との食事、家族との休日の夕食などは楽しい語らいの場として重要です。

本来食事は、その材料を手に入れること、調理することを含んでの家族での共食だったわけですが、これも今や現実的ではありません。材料はスーパーマーケットで手に入れるのがあたりまえ、調理も外部化しつつあります。「すべて自分で調理しないのは本来の姿ではない」などと言っても現実的ではありません。けれども家族の共食に意味を認めなくなるのは、生活の豊かさと反する方向に思えます。高価な食事をすることが豊かなのではなく、人間としての生活の始まりである共食に豊かさの原点を見ることが大事なのではないでしょうか。「私たち家族」という言葉を単に親子、兄弟姉妹に閉じ込めず、共に食べる仲間の存在の重要性を考えるキーワードにできるのではないか。「私たち生きもの」から始まる「私たち家族」は、そんなことを語っています。

10

「私たち家族」の基本にもどって──子どもを育てる

横のつながり、縦のつながり

皆で一緒に食べることが協力や心のつながりを生み、そこにいる一人ひとりにとっての楽しい時間となっていく様子を追ってきましたが、「私たち家族」に始まり、仲間意識が広がっていく中で人間生活が営まれてきたと考えると、改めて人間っていいなと思います。

ところで、人間にとって食べることと同じく大事なのが、次世代の誕生であり育児です。食べることが横のつながりを生み出すのに対し、育児は縦のつながりを生みここにも家族が登場します。両方が絡み合って私たちの関わり合いができ上がります。

世代を継続させる縦のつながりは、生きものの特徴です。生きるという言葉は、ある一つの個体が生存するというだけでなく、いのちを次の世代につなげていくことも含んでいます。

「私たち生きもの」と言う時の私たちの中には、今同じ時を生きている仲間だけでなく、40億年も前からずっと続いてきた生きものたちすべてが入っているのです。長い時間が流れる中でさまざまな生き方をしている仲間を思い浮かべると、今ここにいる私という存在への愛おしさが増し、これから生まれてくるたくさんの仲間への思いが立ち上がってくるのではないでしょうか。

そのような生命の流れの中で、2億年より少し前に哺乳類が登場しました。哺乳類の育児となれば、授乳をする母親が中心になるのは当然です。赤ちゃんは、乳房を探して乳首を吸う能力を持って生まれてくるので、あくまでも主体は生きようとする赤ちゃんですけれど。

チンパンジーやゴリラの育児

ここで、近い仲間の育児を見ていきます。チンパンジーの赤ちゃんは、自分でお母さんの毛をつかんでしがみついており、欲しい時に乳を飲みます。チンパンジーの場合、離乳までが3年から5年ほどと長いのです。

1歳を過ぎる頃には、お母さんと一緒ではあってもしがみついてばかりではなく、近くにいる年上の子が面倒を見てくれます。とくにお姉ちゃんはかなり長い間そばにいてくれます。

年上のメスである、お母さんのお友達も世話をしてくれます。チンパンジーは父系社会であり父親にあたる年齢の高いオスは、コミュニティ全体を守る役割をしているのですが、子どもの面倒も見ます。

長い間お乳を飲み、お母さんと離れられないチンパンジーの子どもですが、皆から可愛がられ、だんだんに社会を広げていく様子は、まさに「私たちの中の私」がつくられていく過程であり、微笑《ほほえ》ましい光景がしばしば見られます。学問上は、チンパンジーは家族をつくらないとされますが、子どもの成長にとって不可欠な関わり合いがあり、家族の役割をする小さなコミュニティは存在します。

一方ゴリラは、家族をつくります。一夫多妻で、中心となるオスはシルバーバックです。出産した母親は半年ほどの間赤ちゃんを手放しません。100kgほどもあるゴリラにしては小さな1・5kgくらいの赤ちゃんを抱いての一対一の緊密な関係です。ただ、母親は保護を求めるようにシルバーバックの近くで暮らします。

半年ほどすると子どもがシルバーバックにじゃれつき、抱いてもらうようになります。離乳までは3年ほどですが、それまでに母親はシルバーバックに子どもを預けて餌探しに出かけたりするようになるのです。母親に自由な時間ができると同時に、子どもの方も、シルバーバックについて歩き、新しい食べものを食べるようになります。近くには年上の子どもたちもいますから、ゴリラの場合、父親中心の家族の中で子どもが育つことになります。

このようにヒト科の仲間でも、それぞれの暮らし方があり、それぞれの子育てをしますが、そこでつくられる個体間の関係が大切であることは、どれも変わりません。


人間の出産・育児にはどんな特徴があるのか

私たち人間ではどうでしょう。二足歩行と大きな脳が人間の出産と育児を特殊なものにしました。類人猿では骨盤は細長く、産道が大きいので、お産はあっという間に終わると、研究者は言います。ところが人間は、二足歩行をしたために内臓の重さを支えることになった骨盤の形が平たくなって産道が狭くなり、赤ちゃんはそこを通らなければならなくなりました。頭がなんとかそこを通れる大きさの時に出産するために早産になりましたが、それでもなお難産です。

脳の大きさをゴリラと比べますと、成体では人間が3倍（1500cc）あるのに、生まれる時は1・4倍（350cc）しかありません。その後の脳の生育も、ゴリラは4歳で生まれた時の2倍になって成体と同じになるのに、人間の場合、大人と同じ大きさになるのは思春期である12～14歳です。人間の育児の期間が特別長いのは、二足歩行をして脳が大きくなったためと言ってよいでしょう。でも、考えたり言語を話したりして文化・文明を生み出すには大きな脳が必要なのですから、難産と長い育児期間は人間を特徴づける大切なことです。

脳が大きいために未熟な状態で外界へと出る人間の赤ちゃんの特徴は、脂肪がたっぷりで、かなり大きいことです。あの大きなゴリラでも赤ちゃんは1・5kgほどなのに、人間は3kgもあります。これも大きな脳のせいです。脳は大量のエネルギーを要求するので、脳に充分なエネルギーを供給するためには、脂肪をためておく必要があるわけです。

とても重くて抱き続けられない人間の赤ちゃんは寝かされます。ゴリラもチンパンジーも毛のあるお母さんにいつも抱かれています。暖かくて安心な場です。

赤ちゃんを上向きに寝かせるという私たち人間にとってはあたりまえの行為は、生きものの歴史の中で考えるとてつもなく奇妙なものです。森や草原はもちろん動物園に行っても、仰向《あおむ》けに寝ている動物はいません。この形はとても不安定ですし、しかも何かに狙われたらすぐに動けませんから、そんな状態でゆったりと寝込んでいるのは家に守られた人間だけです。

仰向けの姿勢の意味について、チンパンジーを長い間研究していらした松沢哲郎さんが興味深い分析をしています。そこには少なくとも三つの人間らしさが見えてくるというのです。

一つが見つめ合いと微笑みです。ここにも人間の特徴が関わります。目です。私たちの目には白目があるので目の動きがわかり、そこから相手の気持ちが読みとれます。ですから、向き合ってお互いの顔を見ることがとても大事なのです。サルではまったく違います。サルと出会ったら目を見ないようにと教えられますが、その理由は目が合うと攻撃されるからです。新型コロナウイルスのパンデミックで、親に会いに行ったり病人のお見舞いに行ったりできない状況が続き、多くの人が心を痛めました。人間にとっては、向き合って目を見ることがとても大事なのに、それができないのですから辛いのは当然です。見つめ合った時に赤ちゃんが微笑んだら、大人はとろけて、お世話をしたくなります。うまくできています。

二番目は、声でのやりとりです。赤ちゃんはよくぞそんな声が出ると思うほど大声で泣きます。これも人間の特徴です。泣かれるのはどんな場合でもツライですが、一番悩ましいのは夜泣きです。お腹《なか》がすいているのでしょうけれど、忙しくはたらいてやっと床に着き、眠りに入った頃に大声で泣かれると、お願い黙ってと祈ります。でもそんなことで止まるものではありません。今もあの時の眠さは忘れられません。こうして声を出すことが言葉につながるのですと説明されても、夜泣きのない進化の道はなかったのかしらと何度思ったことでしょう。野生動物の赤ちゃんがこんな大声を出したら、たちまち捕食者に見つかって食べられてしまいます。

三つめも興味深い指摘です。仰向けで寝ていると手が自由になります。赤ちゃんは2ヶ月もするとおしゃぶりやガラガラを持って遊びます。長女がちょうど2ヶ月頃に自分の握りこぶしを持ち上げてじーっと見つめていた様子を思い出します。あれは何だと思っていたのでしょう。自分の一部と認識していたのでしょうか。自由な手は、もちろん人間を支える大切なものです。

こうしてお母さんから離れて過ごせるがゆえに、人間の赤ちゃんの離乳は1年ほどととても早いのです。チンパンジーは5年たたないと次の子どもが生まれませんが、人間には年子がいます。人間の特徴の一つに多産があるのは、このような赤ちゃんの育ち方にあるのです。人間は弱いので、安全な森から疎林やサバンナへと出て行き、獣に襲われやすくなり、多産が必要だったのだとも言われます。離乳したからと言って大人と同じものを食べるほど歯がしっかりしていません。かなり長い間毎日ホウレンソウやニンジンをみじん切りにしたことを思い出します。道具が発達していない頃は、親が噛み砕いたものなどを与えていたのでしょうか。大きな脳を育てるには、このように手をかけた育児が必要です。

一人の子を育てるには一つの村が必要

このように一人で置かれている赤ちゃんの周囲にいる人たち、基本的には家族が皆で赤ちゃんを可愛がり、育てるという育児の姿が見えてきました。他のヒト科の仲間と共通するところもありますが、人間独自の特徴もたくさんあり、それはまさに「『私たち家族』の中の私」として生きている姿です。泣いても笑っても可愛がられる赤ちゃんが、「私たちの中の私」という気持ちで生き生きと生きる大人になるように周囲で世話をする小さな集まりが家族なのです。家族を考える時に、人間に特徴的な存在がおばあさん、つまり生殖に関わらない女性の存在です。社会的体験や文化の伝承が重要な人間にとって、おばあさんと孫の関係は注目すべきものです。

家族からさらに広がったコミュニティも大事な存在です。チンパンジーで見たお母さんの仲良しが面倒を見てくれるという例は、人間社会にもあります。現存する伝統社会ではどこでも、他の家族の子どもの世話をする慣習が見られるそうです。自分の子どもがいても、よその子どもも見る。確かにわたしが子どもだった頃は、そのような社会でした。ゴリラは家族、チンパンジーは集団の生活をしていますが、人間はその両方、つまり家族があり、しかも集団もつくるという複雑さを持っています。これを両立させているのが人間社会の特徴であり、大事なことです。

自然災害、パンデミックなどの中で、つながりの大切さを改めて感じます。ここで言うつながりは、身体あってのものです。現代社会は情報技術を開発し、進展させ、つながりを広げてきました。新型コロナウイルス・パンデミックの中でなんとか社会を動かせたのは、インターネットを活用し、離れた場所にいてもつながりをつくれるからです。職場に行かなくてもテレワークで済む便利さが持つ意味は決して小さくはありません。しかしそれは、経済を中心にした社会の動きを見た時のすばらしさであり、生きものである人間としてはどこか充たされない思いがあるのではないでしょうか。狩猟採集社会では家族がいくつか集まって集団ができ、共食も育児もこの集団にまで広がった形で行われていたことがわかりました。つまり、育児は社会が行うものであることは、生命誌の中での人間、ホモ・サピエンスの特徴なのです。情報技術によるつながりの広がりは身近な実体を伴うつながりがあってこそ意味があるのです。同じ食卓を囲みながら、誰もがスマホを見ている光景は望ましいものではありません。

２００１年に、アフリカ系アメリカ人として初めて国務長官の要職についたコリン・パウエルはスラム育ちでした。でも、周囲の人たちの応援によって学校へ行き、自分の求める道を歩むことができたのです。パウエルが、アフリカには「一人の子どもを育てるには一つの村がいる」という諺《ことわざ》があると語りました。まさに「私たちの中の私」として人が育っていく姿です。

情報化社会と呼ばれる今、「私たちの中の私」と言う時の私たちは、まず生身の人間同士のつながりを意味することを再確認し、それを基本に置く社会づくりが求められます。

11
「私たち家族」のメンバーであるイヌ

オオカミからイヌへ

「私たち生きもの」の中の人間の暮らし方の基本に「私たち家族」があることを見てきました。私一人が孤立せず、皆と一緒に暮らす姿の基本型が家族です。近年、社会のありようが変化し、家族の姿も複雑になってきています。一方で、機械に囲まれた現代社会では、物事には規格があると考える癖がついており、家族についても特定の枠に収めたがります。生きものの世界には規格はありません。家族もそうです。食を共にし、子どもを育て、お互い助け合いながら暮らす生活の基本となる単位が、自然に生まれたのです。

ここで「生命誌」の視点を生かした「家族」の一員に目を向けます。

イヌです。以前はイヌを飼うと言いましたけれど、最近は多くの方が、一緒に暮らしていると思っていらっしゃるのではないでしょうか。まさに家族の一員として。イヌを家族と見るのは、近年始まったことのように見えますが、最近の研究によって人間とイヌとの関係は最初から家族と言ってもよいものだったことがわかってきました。

生命誌では、「私たち生きもの」という視点から、アフリカに暮らすライオンも庭を飛ぶチョウも、私たちの仲間と認識しています。とはいえ、それらは野生です。人間は好奇心が強く、仲間としての関心から、「動物園」をつくってライオンを見物はします。動物園は子どもの遠足で人気の場所の一つです。わたしが通った大学は「上野動物園」に近かったので、休講となるとマージャン組と動物園組に分かれました。もちろんわたしは後者でした。

横道にそれましたが、人間は、かなり早くから、多様な生きものの中から特定のものを飼いならして共に暮らし始めました。「飼いならす」のは動物、植物、魚、菌類、バクテリアなどあらゆる種類の生きものです。ところが最近の研究で、イヌとのかなり特別な関わりが見えてきました。狩猟採集を始め、さまざまな野生の生きものと接して暮らした中で最初に深い関係になったのがオオカミ（ヨーロッパにいたタイリクオオカミ）から生まれたイヌでした。ゲノム解析の結果、タイリクオオカミとイヌではその99・5％以上が共通しています（最近ニホンオオカミが近いという成果が出されたので要検討です）。

ヨーロッパのオオカミと聞けば頭に浮かぶのが赤ずきんちゃん。おばあさんのふりをしたオオカミに食べられてしまう場面はとても恐かったのを思い出します。古代に生きる先祖たちが出会ったオオカミも決して恐くなかったはずはありませんが、オオカミも人間を恐れていたらしいのです。このようにお互いを意識し合い、警戒し合いながらの関係から共に暮らすに到るまでの時間は、あまり長くはなかったようです。

オオカミが一方的に人を襲うというイメージが事実と合わないことは、英国にあるブリストル動物園の分園でオオカミの群れを捕獲飼育してきた体験を語る飼育員の言葉が示しています。「これまでに積極的に人に近づき、人のまわりで堂々としているオオカミに出会ったことがありません」。それに続けてこうも語ります。「とても神経質だけれど、一方で好奇心が強く、たとえばこちらがスキップをして木陰に隠れると、シッポを上げて近寄ってきます。振り返ると逃げます」。遊んでいるとしか思えないそうです。人間の側へ行くと食べものがあるのも、オオカミにとっては大きな魅力のようでした。こうして好奇心と空腹から少しずつ近寄ってくるとのことです。狩猟採集時代にもこのようなことがあったのではないかと想像させる話であり、人間が一方的に飼いならしたという関係ではなさそうです。

イヌの社会性

家畜化の研究は、主として二つの方向から行われています。一つは化石、もう一つがDNA解析（ゲノム全体を見る、特定の遺伝子を探るなどさまざまな方法）です。新しい化石が出たり分析法が開発されると研究成果は変化しますので、これで決定とは言えませんが、3万年前（DNA解析の結果は4万～2万7000年前となる）頃にはイヌとして人間と共に暮らす動物がいたと考えてよさそうです。農耕が始まったのは1万年ほど前とされますから、それ以前の狩猟採集の頃に、イヌという野生とは違う動物が私たち人間と一緒に暮らしていたことになります。

家畜化は人間が自分の役に立てるために特定の生きものの特定の性質を変えていく過程です。後の時代になってのウシの場合、労働力として役立つ、乳をとるなどわかりやすい話です。でもイヌにはそのような特定の目的があったとは思えず、人間と暮らす生活をイヌが選んだと言った方がよいようにも思えます。家族になったと言ってもよいかもしれません。

DNA研究から面白いことがわかってきました。人間のDNA解析から、超社会性（社交性が高くおしゃべりが好きというような性質）に関連するとされる多型（同一種の個体で異なる表現型を示す）が見つかっているのですが、それと同じ多型がイヌにあるというのです（多型はオオカミにはありません)。人もオオカミも社会性動物と呼ばれます。まさに「私たち」として生きる性質を持つ生きものです。その中からとくに社会性の高いものとしてイヌが生まれ、人間にも関心を持ったのでしょう。イヌには家族の一員と呼んでよい存在になる性質が備わっているようです。

赤ずきんちゃんだけでなく、『三匹の子豚』『オオカミと七匹の子山羊』、さらには『ピーターと狼』など、物語に登場するオオカミはどれも子どもにとって恐いものですが、別の見方をすれば、身近な存在だったとも言えます。オオカミに人なつっこさにつながる遺伝的素因があったというのは意外ですが、わたしは道を歩いている時によくイヌが寄ってくるので、イヌとはどこかでつながっていると実感しており、この研究成果に納得しています。

ダーウィンの自然選択

このようなイヌと人間の関係を見ると、家畜という言葉から思い浮かぶような、人間が自分の都合で特定の生きものの性質を思うように変えるというイメージが消えます。生きものの性質は、本来少しずつ変化していくものであり、その結果進化をします。進化には、「進」という字が入っているので進歩と重ねて考えられがちですが、まったく違います。進歩は一つの価値観で比較し、先進国、途上国などと縦に並べます。一方、進化はすでに何度も述べたように、多様化の道を歩み、それぞれがそれぞれとして生きることになります。つまり、さまざまに変化する（展開）現象なのです。19世紀にダーウィンが、「進化は変異をしたものの中から自然選択された個体が残ることによって起きる」ということを示しました。基本的にはこれが進化のメカニズムであり、この考え方をまとめたのが有名な『種の起源』です。ところでこの本の第1章は「飼育栽培下における変異」なのです。

ダーウィンは、ビーグル号に乗ってさまざまな土地の動植物に接し、とくにガラパゴスでの体験から環境によって生きものの形態や暮らし方が変わることを実感し、変異と自然選択という進化についての考え方をまとめたと言われます。確かにそうなのですが、ダーウィンは子どもの頃から身近な生きものをよく観察していました。もちろんそこには野生の動物や鳥もいましたが、本当に身近だったのはイヌやハトなど飼っている生きものたちでした。とくにハトについては、手に入る限りの品種を飼い、世界各地から標本も集めて、それぞれの違い――つまり変異を調べています。当時の人々は、異なる姿形や性質を持つ品種の原種はそれぞれ別の野生種であると思っていたのですが、ダーウィンは自身の観察から飼いバトはどれもカワラバトの子孫であると信じるようになります。そして、そこには自然選択の力がはたらいていると考えたのです。

ダーウィンは、人間は自分の望みの性質や形を持つ個体をつくり出しているような気分になっているけれど、そこにはたらいているのは「自然選択」なのだということを見出しました。ここにある自然という文字はとても大事です。機械の改良は、人間の望みとそれを可能にする技術とで思うように進められます。イヌやハトも、速く飛ぶハトが欲しいと思ったら速い個体を選んで掛け合わせをしていきます。ただ、生きものの場合、望みの個体が得られるとは限りません。速く飛べてもけんかばかりしている個体では困ります。そもそもが自然の営為なので、なかなか思い通りにはなりません。

近年は遺伝子操作ができるようになりましたから、ダーウィンの頃よりは求める品種を得やすくはなりましたが、それでも遺伝子のはたらきが「自然」であることに変わりはなく、機械のようにはいきません。生きものを対象にする時は、常にそこに「自然のはたらき」を意識しなければならないのです。それを忘れると大きなしっぺ返しがあると思っていた方がよいでしょう。

ネアンデルタール人絶滅とイヌ

イヌについての興味深い話があります。現存する人類はホモ・サピエンスだけですが、同時期にヨーロッパで暮らしていたネアンデルタール人は、なぜ滅んでしまったのかという疑問をめぐる話です。

ネアンデルタール人は脳も大きく、体格もがっしりしておりホモ・サピエンスの方がひ弱なのに、後者が生き残ったのは、猟犬がいたからだというのです。ネアンデルタール人の食生活や石器を調べると、数十万年間変化が見られません。独自の世界にこだわり、新しいことに積極的でなかったとされます。

ネアンデルタール人の絶滅時期は、4万年ほど前とされ、その頃気候変動があったことが知られています。しかも当時ネアンデルタール人は小さな集団で暮らし、ゲノム解析から、多様性に欠ける状態であったこともわかっており、3万年前頃までにはホラアナライオン、ホラアナハイエナなどと共に絶滅したとされます。

非常に生きにくい環境になった時、生きものの間での食糧の奪い合いが起きるわけですが、ホモ・サピエンスはイヌという仲間の力を借りて狩りの場で優位に立ったという考えです（パット・シップマン『ヒトとイヌがネアンデルタール人を絶滅させた』原書房）。

この説を支えるのは、ベルギーのゴイエ洞窟で出土したイヌと同定される化石が3・6万年前のものとされるところから、旧石器時代からイヌという仲間がいた事実が明らかになったことです。ネアンデルタール人の絶滅の理由にはさまざまな説が出されている状況であることを踏まえた上で、興味深い説です。

頑なに従来の生活を守り続けたがゆえに滅びたネアンデルタールと、イヌとの協同に始まり他の生きものと積極的に関わって牧畜、農業へと新しい生活を切り拓いていったホモ・サピエンスとを比べると、挑戦は大事だと思えます。とはいえ、挑戦と同時に伝統の維持も忘れないのがよい生き方と言えるのでしょう。それにしても人間は特別な存在であることも確かだけれど、動物の一つとして他の仲間と関わりながら生きる存在でもあることを実感します。相手を利用するというような関係ではなく。

歴史を知り、これからを考える参考にしなければなりません。

第二部　ホモ・サピエンス20万年——人間らしさの深まりへ

12 ホモ・サピエンスへの道――まず身体性を

広がる格差、進化するAI

「『私たち生きもの』の中の私」という視点が21世紀の生き方を示すと考え、まず私たちは数千万種もいるとされる生きものの一つとして、すべての生きものと共通のシステムの中で存在していること、他の生きものと深く関わり合いながら生きていることを見ました。そしてその中でヒトという生きものが持つ特徴に注目し、私の生き方を探る旅をしてきました。ここで、これまでの道のりを簡単に振り返りながら、「人間として生きる」という意味を再確認します。

霊長類の仲間として森の中で誕生したヒトは、あまり強くなかったので、森の食べ物が少なくなった時に遠くから食べ物を運ばなければならなくなり、直立二足歩行をし、結局森の外へと出ることになりました。そこでの狩猟採集生活の基本は採集であり、協力の単位は家族です。皆で一緒に食事をし、子どもを育てます。ヒトの特徴である共感能力を生かした、お互いの信頼を大事にし合う暮らしです。大型獣の狩猟を行う時は一つの家族だけでは力が足りず、いくつかの家族が協力する共同体（小さな社会）が生まれました。

ゴリラは、シルバーバックを核とした家族を中心に行動し、チンパンジーには家族はなく共同体しかありません。ところが人間は家族があると同時に、それらの集まりとしての共同体もあるという複雑な構造をつくって暮らし始めたのです。

ここでは、時に「今日は家族の事情で共同体としての役割ができません」ということも起きるでしょう。そんな時、仲間たちが「いつも皆のためにはたらいてくれているんだし、今日は自分のことをやっていいよ」と言ってくれれば問題は起きません。普段のお付き合いで信頼関係ができていれば、きっとこう言ってもらえるでしょう。このように複雑な人間関係の中で、お互いの気持ちや状況を慮《おもんぱか》り合う仲間をつくれるだけの共感能力を持っているのが人間なのです。これぞ人間の特徴であることは、今もなお続いているはずであり、それを忘れたくありません。

このような形で行われていた狩猟採集生活は、役割分担がありながら平等であったことも、再認識したいことです。ここで重要なのは、「役割分担をしながら平等」というところです。『私たち生きもの』の中の私」という基本に戻れば、そこではすべての生きものは多様であり、それぞれの生き方をしながらそこに上下関係はないという姿が当然のこととして浮かび上がります。生きものの世界には「区別はあるけれど差別はない」のです。それぞれの生き方を一つの物差しで測ることはできないからです。人間も生きものですから、人間同士の関係がこれにあてはまるのは当然です。

このような形で家族と共同体をつくって暮らすという人間の特徴を生かした生活は、これからどうなっていくのでしょう。問いたいのはここです。「私たちの中の私」を考え始めた理由の一つは、近年見られる格差社会に対する、「これは人間社会の本来の姿ではない、なんとかしなければならない」という気持ちです。現在の格差は、いわゆるグローバル化の中での新自由主義に基づく経済活動が、人間が主体であることを忘れたシステムで動いているために招いたものであり、そこを考え直さなければなりません。

さらにはその底にある、効率至上主義で便利さばかり求めて科学技術を開発してきた現代社会そのものを考え直す必要があります。

ここで目を向けなければならないのが、家族や共同体という、人間が人間らしく生きる基本の姿の意味です。時代によってその姿が変化するのは当然ですが、それを無視し、崩壊させるのは人間としての生き方を捨てることになるのではないでしょうか。もう少し明確に言うなら、人間という時には必ず生身の人間のありよう、つまり「身体性」に目を向けなければならないのです。わたしが「人間は生きもの」というあたりまえのことをくり返すのは、私たちが一緒に食事をし、子どもを育て、おしゃべりをし合う仲間と生きる基本を忘れていることに危惧を抱くからです。

ここで、人間とは何か、どう生きるのかということを徹底的に考えないままデジタル社会に移ってよいのだろうかという問いが生まれます。最近急速に現実味を帯び始めたメタバースのような身体を離れた世界を無制限に取り入れたら、滅びにつながる危険が大きいのではないかと気になります。環境破壊によって人類が生きていけなくなるのではないかという心配は語られても、機械の世界である情報社会で人間が人間としての意味を失う危険性の指摘はあまり聞かれません。40億年の間続くシステムの中で新しい能力を獲得しながらついこの間（20万年ほど前）生まれた人間（ホモ・サピエンス）が、生命系システムを充分理解しないままに暴走するのは危険です。技術開発は人間という生きものの持つ特徴ですから、それを否定するのでなく、ここで生じた疑問を抱えながら、まず「『私たち生きもの』の中の私」

としての人間の歴史を追い、その中で答えを探していく他ありません。

今とても気になっているのは、生態系（自然）を壊す行動は、自然の一部である人間が持つ内なる自然をも壊すはずだということです。具体的には身体と心が壊れていくのではないかと気になります。効率のための競争の強化は、時間短縮や関係を切ることを求めますので、心が壊れます。環境破壊と言われますが、人間破壊もあるのではないでしょうか。

「情報」という概念は生きものの誕生と共に生まれたものであり、生きものを考える上で重要なことです。生命誕生以前は物質とエネルギーで説明できる世界でした。ですから科学はまず物質、次いでエネルギーを対象にしました。情報科学は最近始まった分野です。そして今や情報社会になりつつあるのですが、そこには生きものあっての情報という感覚はなく、身体性などには目もくれずに進んでいます。これも生きものらしさから離れます。

古代の人たちは、物質である石器を活用し、火のエネルギーで暮らしを豊かにしつつ、自分の身体が持つ情報蒐集《しゅうしゅう》能力で生きものの気配を感じながら狩猟採集を行っていました。現代人の身体もその時と本質は変わっていないのですから、身体の連続性を踏まえながら暮らしやすい社会を探っていくのが、「『私たち生きもの』の中の私」としての生き方です。

最近ＡＩ技術が急速に進展しています。将棋や囲碁のような明確なルールのあるゲームで大量データを処理できるＡＩが能力を発揮するという段階を超えて、チャットＧＰＴのような生成ＡＩが登場してきました。

さまざまな問いにみごとな文章で答える生成ＡＩに、すべてをＡＩにまかせようとする人まで出てきそうな気配です。学校の宿題をそれで済ませてしまわないように、使い方の指導が必要になっています。気になるのは、ＡＩ開発関係者で「ＡＩが人間の叡智を超える」というような発言をする方がいることです。叡智とは何かと問うところから始めなければならない問題を、このような形で語ること自体に疑問を呈しないわけにはいきません。この問題を詳細には語りませんが、人間は生きものであり機械ではないというあたりまえのところから、人間は人間として生き、機械は機械として使いこなせばよいのであり、ＡＩが人間を超えるという考え方はないというのが生命誌の立場です。生命体あっての情報と考える情報学が生まれていますので、さらに研究が進み、上手に情報を使いこなす状態がつくられることを期待しています。

13

明確になる人間らしさ――認知革命

言葉と芸術はいつ生まれたのか

この本を書いた動機は、現代の社会のありようを「人間は生きものである」という切り口で考え直すことですから、人類誕生以来の歴史を現代文明との関わりの中で検討し、これでよいのだろうかと問い続け、一つひとつの歩みを見ていきます。第一部では他の生きものとの連続性を踏まえた上で、二足歩行を始めたヒトの特徴を見てきました。次いで私たち自身、つまりホモ・サピエンス特有の暮らし方を見ていかなければなりません。それを特徴づける能力として、言葉と芸術が浮かび上がります。

言葉が人間にとって必要不可欠ということは誰もが認め、重要視します。ところが芸術は、新型コロナウイルス感染拡大にあたって、「不要不急」とされました。しかし、生命誌の中での人間にとっての芸術はそんなものではありません。人間という存在にとって不可欠です。密な状態を避けるためのコンサートや展覧会の延期は仕方ありませんが、まあなくてもよいでしょうという対応は間違いです。

言葉と芸術がいつ生まれたかについては、最近になってやっと共通認識ができました。7万3000年ほど前の地層から赤色顔料であるオーカーや首飾り用の貝殻がたくさん見つかっており、この頃を芸術の始まりとする捉え方です。それらは南アフリカのブロンボス洞窟で見つかりました。ユヴァル・ノア・ハラリ著『サピエンス全史』（河出文庫）には、7万年ほど前にホモ・サピエンスがアフリカ大陸を離れ各地に広がっていった頃に、いわゆる「認知革命」が起き、そこから人間としての歴史が始まったと語られています。現時点での共通認識として、ここでもこれを基本に言語や芸術の始まりを見ていきます。

生きもののさまざまなコミュニケーション

「『私たち生きもの』の中の私」を考える「生命誌」の立場からは、言葉についても他の生きものとのつながりを考える必要があります。

言葉の役割の一つである仲間同士のコミュニケーションは、単細胞生物や植物でも行われています。具体的には、分泌された特定の物質を仲間が受け止め、反応します。私たちの身体をつくっている細胞でもこの種のコミュニケーションが見られます。細胞を覆っている糖は細胞の保護や潤滑剤としての役割と同時に、細胞同士がお互いを識別し、仲間と接着するためにも使われています。たとえば、腎臓細胞と肝臓細胞をバラバラにして混ぜておくと、腎臓細胞同士、肝臓細胞同士が塊をつくります。細胞間にコミュニケーションがあり、仲間が集まるのです。

動物の場合、それぞれの生活環境に合った方法を用いたコミュニケーションが行われていることはよく知られています。アリの道しるべフェロモンや、ハチがミツのある花のありかを仲間に知らせる8の字ダンスは有名です。クジラは水中で高速移動しながら音でコミュニケーションしており、ゾウは人間には聞こえないような低音で数キロメートルも離れたところにいる仲間と連絡をとり合っていることがわかってきました。

人間の言葉と同じ、声によるコミュニケーションをしている動物も多く見られます。その実例としてよくあげられるのが、ベルベットモンキーが捕食者に出会った時、仲間に知らせる警戒音です。ヒョウが近づいてくるのに気づいた場合は大声で続けざまに鳴き、ワシが来ると「キキッ」と短い音を出し、ヘビを見ると「チチチ」と知らせます。それを聞いた仲間は、ワシなら空を眺め、ヘビなら下を確かめてから逃げるのです。

このように、食べもののありかや敵の襲来を知らせるなど、生活に必要不可欠な情報伝達は、どの生きものも何らかの形で行っています。コミュニケーションは、生きものを生きものらしくしている能力なのです。人間の言葉も、もちろんその役割を果たしており、ここでは「私たち生きもの」としてつながっています。

ただ人間の言葉は、食べもののありかを指示したり、「ヒョウだぞ」「ヘビだぞ」という断片的な情報の伝達だけではない、もっと複雑な内容を表現しています。食べものなら「美味しいケーキがあるので一緒にいただきましょう」と誘い、警告なら「この先によく吠えるイヌがいるから気をつけて」と細かく伝えます。音声で伝える本格的な言葉を持っているのは、やはり人間だけと言ってよいでしょう。

言語に関わる遺伝子

ここで、最近の生物学に関心のある方だったら、それならヒトゲノムにだけ言語に関わる遺伝子が存在するのではないかと思われるのではないでしょうか。事実、そのような研究がありあります。英国に発語と文法理解に障害のある人が多く生まれる家系があり、その人々について研究した結果、転写因子（タンパク質の一群。ＤＮＡのある塩基配列を認識してそこに結合することで、遺伝子のはたらきを制御する役割をする）であるFOXファミリー遺伝子の一つに変異があることが障害の原因とわかりました。FOXP2と名付けられたこの遺伝子は、言語の統合運動に関わる脳機能回路と口腔顔面とではたらいていることが明らかにされています。

ところがこの遺伝子は、人間だけが持っているのではないのです。チンパンジーやゴリラはもちろん、他の哺乳動物や鳥類にもあることがわかっており、しかも進化の過程でよく保存されてきた遺伝子なのです。７０００万年も前に分岐したマウスと霊長類で比較しても、この遺伝子の指令で合成されるタンパク質ではたった一つのアミノ酸しか変化していないのですから、安定した遺伝子です。FOXP2の具体的なはたらきはまだわかっていませんが、実はヒトになってから新しく二つのアミノ酸が変化する変異が起きたことがわかりました。これは、偶然に起きる変異の頻度より高く、またこの変異は世界中の人に偏りなく見られますので、この変化が人間の言語機能の向上につながり、何かの形で使われていると考えられはします。けれども言語の遺伝子とは呼べません。

こうして、言葉という人間を特徴づけるはたらきを支える遺伝子でさえ、鳥類や哺乳類が分岐した数億年の昔から存在していたことがわかりました。生きものはどれもつながっているのであり、新しい機能の獲得もそのつながりの中で起きるのだということが、はっきりと見えます。その上で、たまたま起きた変異が、人間を特徴づける言葉を生むことにつながったのですから、生きものって本当に面白い存在だと思います。

言葉は歌から始まった？

人間の言葉には、すべての事物に対して意味を持つ単語が存在しています。前にいる人を見て、そのすべての部位や身に着けている物を単語にできます。頭、帽子、顔、眼鏡……今ならマスクもあるかもしれません。すべての事物に意味を持たせられること。これは人間に与えられたすばらしい能力です。しかも人間が二足歩行の結果手にした喉の構造は音節を表現できますので、大人が話している言葉を子どもが真似して言葉を学んでいくことができます。

ところで喉の筋肉を動かせるのは、息を止められるからなのです。レントゲン写真を撮る時、「ハイ、息を止めて」という先生の声が聞こえると、ちょっと緊張しながらも誰もがぐっと息を止めます。でも、これができるからこそ私たちは言葉が話せるのだと、気づいていらっしゃいましたか。他に喉の筋肉を動かせる仲間を探すと、鳥がいます。オウムが「オハヨウ」と人間の真似ができるのは、息を止められるからなのです。この能力を持つ動物としては、他にクジラがいます。なぜ鳥とクジラなのか。わかりません。こういうところが生きものの面白さです。

ところで、たくさんの単語を持った人間は、それを組み合わせて文章をつくり、そこには文法があります。文法と聞くと国語の授業を思い出して顔をしかめる方もありそうですが、友達とのおしゃべりも文法にのっとっています。文法こそ人間だけのものではないか。そう考えたくなりますが、実は鳥の鳴き声には文法があることを、岡ノ谷《おかのや》一夫《かずお》東大名誉教授が見出しました。

先生の部屋へ伺って、ジュウシマツの声を聞かせていただいた時のことを思い出します。あるオスの声を岡ノ谷さんは「ギビョ」「ピジジュ」「グゲ」と分析しました。オスは、7種類の音でできた三つの単語を並べて歌っているのです。メスに向けての求愛の歌です。たくさんの個体の歌を分析すると、どれもがこの三つの単語をさまざまに組み合わせて歌っていることがわかりました。しかもこの並べ方に規則、つまり文法があることもわかったのです。

ヒナは周囲にいる成鳥の歌を聞いて学び、自分の歌を歌うようになるのですが、その時、親鳥の歌だけでなく、周囲にいる数羽の歌を混ぜて歌うことがわかりました。学びながら歌っている時でも、切れ目はきちんと単語で区切れているというのですから、まさにジュウシマツの歌には文法があると言ってよいでしょう。なんだかヒナ鳥がお勉強をしているみたいで可愛らしく、興味深いです。

ただし、ジュウシマツは求愛の歌を歌うだけで、それ以外のメッセージを送ることはありません。人間の場合も愛の気持ちを伝えるのはとても大事ですけれど、それだけが言葉ではありません。「宿題は済みましたか」。お母さんがよく使う言葉です。やはり人間の言葉は特別です。

ところで、ジュウシマツのヒナが歌全体を聞いてそこから単語を切り分けていることに注目し、人間も言葉を持つ前に歌を歌っていたのではないか。岡ノ谷さんはそんな風に考えています。歌が言葉の始まりではないかという考え方は、他の研究者からも出ています。ベルベットモンキーは「ワシだ、気をつけろ」という情報を仲間に伝えるだけですが、人間はもっと複雑な内容を伝え合います。たとえば「シカを狩りに行こう」となり、さらには「今日は川の向こうのシカを狩りに行こう」などと言ったかもしれません。こうして意味を伝えることになりますので、文章はどんどん長くなります。それを歌のように歌っているうちに、そこから単語が浮かび上がってきて、それを組み合わせた文をつくるようになっていったのではないかという説です。

インドネシアにいるミュラーテナガザルは、歌で語りかけ、呼びかけの歌、警戒の歌などを歌うことが知られています。リズムのある音で交信をしている生きものといえば、カエルなどの両生類や昆虫もおり、日常語でも「スズムシが歌っている」「カエルが歌っている」等と表現しています。言葉は歌から始まったのではないかというのは、興味深い仮説です。

お母さん語「マザリーズ」

人間の赤ちゃんは早産であり自分で動けないのに、お母さんにとっては重くて抱き続けるのが難しいので寝かされると書きました。赤ちゃんは仰向けに安全な場所に寝かされ、しかもまわりにはお母さんの他にも何人もの人がいます。

そこで……赤ちゃんは大声で泣きます。ここにいるんだよ。見てくれよというように。何で泣くのかな、お腹がすいたのかしら、おむつが濡れて気持ちが悪いのかしら。新米ママはよくわからずオロオロしながらも、優しく赤ちゃんに語りかけます。この時、なぜかいつも大人と話している時より高い調子で、ゆっくり、抑揚をつけて話すことがわかっています。母音が長めになり、くり返しが多いという特徴もあります。「マザリーズ」と呼ばれる独特の話しかけですが、ちょうど歌を歌うような感じになっているのが興味深いところです。ちなみにマザリーズはmothereseとつづり、いわば「お母さん語」。日本語をJapaneseと言うのと同じです。お母さんだけでなく、誰でも赤ちゃんを見るとこの調子で話しかけます。人類全体に共通する特徴です。

赤ちゃんはもちろん言葉の意味はわかりませんが、自分に向けてかけられる音を気持ちよく受け取り、自分でも音を出すようになっていきます。マザリーズはまさに歌のような感じで、それが洗練されていくと子守歌になるのではないかとも言われています。さらには、大人同士でも歌のような語りかけは心地よく感じられ、音楽によって心が結ばれる世界ができていったという考え方も出されています。このようにして音楽と言葉が一体化して生まれてきたのではないかという説がさまざまな事例から生まれているのは面白いことです。

言葉の誕生という、化石などの形では残らない事柄を考えるために、さまざまな生きものにおけるコミュニケーションの様子を知るところから始めたら、鳥の鳴き声に文法があるという発見がありました。一方で、人間の育児のありようから見えてくる、歌うという行為が浮かび上がりました。赤ちゃんが意思の伝達を求めるところに始まって、コミュニケーションの成り立ちや言葉の獲得の過程を見ると、最初の言葉もこのようにして生まれたのではないかと思わせるものがあるのです。歌うという行為が相手の心の理解につながり、そこから言葉が生まれてくる様子が思い浮かべられます。人間らしさの獲得として言葉と芸術をあげましたが、歌は言葉であり芸術です。すべて関わり合いながら新しいものが生まれていく歴史を見ていくのは、楽しいことです。

7万年ほど前に言葉が生まれ、認知革命が起きたという大きな出来事を、「私たち生きもの」「私たち家族」という切り口で考えてきたことと重ねられる、興味深い説です。西舘好子さんが提唱なさり、「子守唄・わらべうた学会」が設立され、わたしも、人間らしい生活の始まりと子守歌が関わっているのではないかということへの関心も含めて参加しています。生命誌の一つの活動として意味があると思ってのことです。子守唄・わらべうたを長い間研究していらした鵜野祐介先生が中心になっての活動が楽しみです。

設立趣意書には、「人と人との豊かな関係、心のつながりを築くことが今大事であり、子どものために歌い継がれてきたこもりうたは、そのようなつながりの根源にあるいのちの賛歌である」という意味のことが書かれています。音楽学・心理学・社会学・人類学・大脳生理学の他、動物行動学からも学ぶということですので、言葉の始まりとの関わりの研究もいつか行われるとよいと期待しています。

子守唄を通じて人間関係について考えることは、現代社会の見直しの一つとして興味深い切り口です。

人間の言葉の特異性

「『私たち生きもの』の中の私」として、他の生きものにもあるコミュニケーションの手段としての言葉を見てきました。それは大事なことですが、人間の言葉にはやはり特異な面があります。私たちは、実際に目にする事物や現象について述べるだけでなく、心の中に浮かぶ概念を単語という形にし、それらを組み合わせて新しい概念を構成する、つまり考えるために言葉を用います。それを仲間たちに伝えるのであり、そこには事実の共有を超えた物語の共有が生まれます。そこで、自分の思いを表現したり相手の気持ちを慮るなどコミュニケーションをよりよくする手段としての言葉が浮かび上がりますが、実際には言葉は気持ちを伝えるのは苦手なのかもしれません。私たちはよく「言葉に表せない○○」という表現をしますから。しかも言葉は虚構を生み出します。

こう考えると、本当のコミュニケーションは身体性を要求するのであり、言葉も身体性あってこそ意味を持つのではないかと思えてきます。近年ＳＮＳに流れる言葉でさまざまな問題が起きていますが、これは言葉の本質を問うているのではないでしょうか。

人間は言葉を持ったがゆえに人間としての生き方をしてきたのですが、本来の道を探る時には、生きものというところに立ち返って言葉の意味をよく考えてみなければならないと思っています。

14

人間らしさを見つめて——言葉の周囲を巡る

うわさ話の効力

言葉の誕生については、家族や仲間たちとの人間関係を築き、日常の情報伝達をスムーズに行う必要性の中で生まれた歌を起源とするという説に共感しました。

赤ちゃんが周囲の人との関わりの中でだんだん人間らしくなっていく様子や、むずかる赤ちゃんに悩まされながら子守歌を歌っているお母さんの姿は、わたしの体験と重なって情景がまざまざと浮かんできます。ここからは、単なる情報伝達を超えた心の交流こそが言葉が存在する意味の一つだと感じ取れます。言葉の誕生については、「私」にとっての言葉の意味を思いながら考えていくことになるのではないでしょうか。

R・ダンバーが、仲間づくりにとっての言葉の重要性を指摘しています。彼は、人間が最も関心を持つ情報は仲間についてのものであるはずだと考えます。誰々さんがどこどこでこんなことをしていたよという、いわゆる「うわさ話」です。確かに最近のＳＮＳの様子を見ると、うわさ話好きは人間の本性のようです。

ダンバーは、社会的動物である人間は仲間内の信頼関係が大事であり、そのためには、周囲にいる人たちがどのような人で、何を考え、お互いどんな関係にあるかという情報を持つことが重要だと言うのです。

毎日一緒に生活している家族ならお互いのことがわかるけれど（実はわかっていないことも少なくないと思いますけれど）、時に狩猟を共にする程度の仲間となるとわかりにくくなります。そこで、うわさ話をし合って、いつもは会っていない人のこともわかるようにしておけば、仲間意識を保てるというのです。しばらく前までは井戸端会議と言いましたが、今ならチャットでしょうか。言葉を手に入れてうわさ話ができるようになったことが、大勢の仲間を持てるという人間特有の能力につながるというのですから、ダンバー先生のおかげでうわさ話も出世したものです。

直接関われる人数を示すダンバー数は１５０ですが、友達の友達のそのまた友達……というように６段階を経れば、誰もが世界中の人とつながっているという研究があります。世界は小さいのです。

うわさ話はどんどん広がり、しかも時に尾ひれがつきますので、言葉の恐さも知っておかなければなりません。とくにSNSでの広がりは、速さも範囲もこれまでよりはるかに大きいので、問題はより深刻です。言葉を用いての対話は、原則対面であることを忘れてはなりません。近しい人とお互いに触れ合う状態で言葉の交換があった上で、機器を用いた広い関係をつくってこそ意味があるのです。子守歌を介する親子のように身体性のある関係こそが、どんな時代にも基本であることに変わりはありません。

言語の誕生と手話

ところで近年、言語としての重要性が指摘され始めているものに手話があります。最近は、記者会見や講演会でも手話通訳がつきますので、そのみごとな表現力に触れる機会が増えました。20年ほど前に手話に関心を持ち、その後ろう教育に携わってきた友人から、「日本手話」と「日本語対応手話」とがあり、この二つはまったく異なるのだと教わりました。講習会で教えられているのはほとんどが後者であり、手話単語を日本語の語順通りに並べるものです。日本語を母国語としているわたしたちにはわかりやすいのですが、自然に生まれた手話ではないので、言語とは何かを考える中で意味があるのは「日本手話」です。「日本手話」は自然言語であり、日本語とは無関係にろうあ者のコミュニケーション手段として自然発生したものです。このような手話は世界各地にありますが、自然言語ですから、音声言語と同じように、世界中に通じる共通言語は存在しません。アメリカ手話、フランス手話と、それぞれ特徴があるだけでなく、日本手話の中にも方言があると教えられ、言葉はまさに暮らしの中で生まれるものだと実感しました。

手話を通して言語の誕生を知ることのできる例として有名なのが、ニカラグアの手話です。1977年、ニカラグアに初めてろうあ学校ができて30人ほどの子どもが入学しました。それまでニカラグアに手話はなかったのですが、ここに集まってきた子どもたちの間で手話が生まれ、その後入学してくる子どもたちに受け継がれていきました。この学校は順調に継続され、入学者数も1983年には400人までになりました。その間にニカラグア手話は学校内だけでなく社会にも広まり、体系化されて用いられるようになったのです。音声でのコミュニケーションが困難な仲間がお互いの意思を通じ合わせようと模索することで言語が生まれ、それが徐々に進化して体系化していくことを示すこの例は、人間にとっての言葉の生まれ方やそれの持つ意味を教えてくれます。

「日本手話」の存在を教えてくれた友人によると、日本の教育界では、これが本来の自然言語であるという評価がきちんとなされておらず、教育に積極的に取り入れられていないのだそうです。自然言語の重要性を理解して、ろう者の教育を考えて欲しいと願った彼は、日本手話を用いる学校をつくりました。

手話が言語であることを明確に示すのは、これが左脳で処理され、左脳に損傷が起きると失語症が発生するという事実です。ジェスチャーの場合、右手を使う時は左脳、左手を使う時は右脳がはたらくことがわかっていますので、手話は単なる手の動きではなく言語なのだということがわかります。ちなみに、チンパンジーはジェスチャーによるコミュニケーションはしますが、手話にはなりません。ここに人間の独自性があります。

脳科学から見た言語

人間の言葉は、他の生きものとつながりを持ちながら、やはり独特のものであることがわかってきましたので、それは、私たちの脳の発達と関わりがあるに違いありません。

そこで、人間の言語を脳のはたらきと関連づけて、その独自性を認識していくことが重要になります。「私たち生きもの」という視点から、仲間と共に生きていくために不可欠なコミュニケーションとしての言葉の意味を忘れることなく、しかし、現代文明のありようを考えるには、人間独自の言語、つまり思考の手段としての言語について考えないわけにはいきません。

言語の脳科学研究は現在進行中であり、さまざまな考え方や成果が出ており、すべて決まりという状況ではありません。その中で、酒井邦嘉東大教授の「言語とは、心の一部として人間に備わった生得的な能力であって、文法規則の一定の順序に従って言語要素（音声・手話・文字など）を並べることで意味を表現し、伝達できるシステムである」（『言語の脳科学——脳はどのようにことばを生みだすか』中公新書）という定義のもとに進められている研究に関心があります。人間の脳—心—言葉の関係を解く科学は、人間独自の言葉を知るために不可欠です。

非常に難しいテーマですが、このような考え方を明確に主張したのは言語学者ノーム・チョムスキーです。１９５０年代ですから、脳科学研究はもちろん、生命科学研究すら曙時代でした。そのような頃に、言語の学習によって身につける各言語の「個別文法」の前にすべての言語に共通な「普遍文法」があり、これは人間に生まれつき備わっているものとしたのです。確かにどこで生まれた子どもも言葉を話します。そこで、この誰もが持つ統語能力を

「生成文法」と呼ぶというチョムスキーの考え方は、脳科学研究による解決を求めるものです。

酒井邦嘉教授は、左脳に存在し、言語に関わることが明らかにされてきたブローカ野、ウェルニッケ野、頭頂葉の角回《かくかい》・縁上回《えんじょうかい》の他に新しい領域を見出しました。ブローカ野はそこに損傷が起きると発話の障害が起こり、ウェルニッケ野の損傷では話し言葉の理解や発話時の言葉の選択に障害が起きます。角回・縁上回は両者を結びつける役割をしていると考えられます。酒井教授は、既知のこれらの領域の他に、まさに文法に関わる領域の存在を初めて示しました。領域が明確に示されましたので、具体的研究の進展が期待されます。

細かいことに触れる余裕はありませんが、チョムスキーの提唱した言語生得説が裏付けられていく可能性を感じます。さらに面白いのは、音楽を聴いた時にもこの領域が特異的にはたらくということです。音楽と言葉のつながりが脳研究からも明らかにされていくだろうというまったく新しい世界が見えてきたのですから、興味深いことです。

チョムスキーの「生成文法」への反論は多数出ています。最近、人間の脳の特徴はその場に応じて即興的に反応するところにあり、相手が発した音を即興で理解する作業が積み重なって普遍的な言葉ができ上がったのだという考えが出されました。言語に普遍的な構造はなく、言語の遺伝子もなく、その場その場の必要に応じて生み出されたものと考えると、恐らくＡＩにそれはできないという答えが出て面白いと思います。生成文法をめぐるまったく異なる二つの説を並べてそれぞれ興味深いと書くのは無責任のようですが、研究が進んでいつかこれらを統合した答えが見えてくるのではないでしょうか。

言語を脳科学の問題として理解するという態度と、個体間のコミュニケーションのために発達したものとして理解するという立場とは、必ずしも対立するものではないはずです。一人ひとりの頭の中で思考の方法として生まれる言語は、他の人々とのコミュニケーションの手段として重要であり、その側面から検討する必要のある性質を持っていることはすでに見てきた通りです。学問をする人は、一つの説を主張すると他を否定しなければその存在意義がないかのように考えがちですが、自然を対象にする時は、こちらの考えもあちらの考えもあり得る、となることがあります。生命誌としては、言葉が個体と社会の双方から解かれ、自然科学と社会科学の成果が結びついていくのが楽しみです。

15

人間らしさと私たちという意識――芸術への道

芸術って何だろう?

次いで芸術です。さまざまな地域で発見された洞窟画は、かなり古い時代から芸術活動が行われていたことを示しています。7万3000年ほど前の地層から見つかった装飾品は、自らの身体を飾りたいという欲求の表現であると同時に、仲間の中でのありようを示すコミュニケーションでもあったでしょう。自らの表現は言葉だけではありません。

芸術とは美的価値の創造・表現であり、その背景には社会や人生における矛盾・哀歓などがあると言われます。役に立つとか立たないとかということは抜きにして、何かを表現したいという気持ちの表れなのです。

でもそれが、人間が人間であることとどう関わるのか。これまでと同じように、生きものの世界ではどうなっているだろうというところから見ていきます。

芸術はヒト特有のものなのか？

すぐに気づくのは、自然には私たち人間が美しいと思うものがたくさんあるということです。バラもタンポポもスミレも美しい花を咲かせます。多種多様な昆虫にはみごとな色彩と模様を持つ仲間がたくさんおり、生命誌研究館で研究をしたオサムシは「歩く宝石」と呼ばれています。木々の葉一枚とっても、その形や色彩に美しさを感じますし、とくに季節と共に緑の色合いが変化していく様子など、人の力では表現しきれない美しさがあります。わたしの家からは丹沢の向こうに富士山が見えるのですが、毎日眺めても倦《あ》きません。とくに夕日が落ちた後のシルエットはみごとです。

ところが現代社会は、このような美しい自然の中での暮らしから離れ、都市化を求めてきました。自然に近い存在であり続けながら、その上で新しい技術を活用する生活もできたはずです。しかし、それを求めず、自然離れをして機械の中で暮らす方向がよりよい姿だと信じて進歩を求めてきたのはなぜでしょう。

生きものを含む自然に美しさを感じ取る能力は、他の生きものたちにもあるのか。それとも人間特有か。調べた限りではこの問いへの答えは見つかりませんでした。生命誌としては、ここでも他の生物との連続性と人間特有という非連続性とがあるだろうという気がします。

他の生きものたちにも美と関連して考えられる日常があります。たとえばニューギニアで生態学の研究をしていたジャレド・ダイアモンドによる、美しい小屋をつくるアズマヤドリの紹介がそれです。直径が2・4ｍもあるその小屋は、石などが除かれてきれいにされた床の上に花や葉や果物、さらにはチョウの翅《はね》などが色ごとに分けて並べられています。このように飾りたてた小屋はオスがメスを呼び込むためにつくるものであり、種によって青を好むもの、赤や緑を好むものとさまざまあるとのことです。すばらしい飾りをつくれるオスほど優れているということなのでしょう。ただ、アズマヤドリがこれを美しいと思っているかどうかはわかりませんし、この小屋には子孫を残すためという生きものとしての目的がありますから、芸術の始まりをここに見るのは無理があるとダイアモンドは言います。賛成です。

動物園には絵を描く動物たちがいます。ロシア侵攻を受けたウクライナ支援のために、千葉県にある「市原ぞうの国」がゆめ花など数頭のアジアゾウが描いた絵を販売しました。鼻を使ってキャンバスにきれいな色の絵を描く姿は可愛いものです。タイでは絵を描くように訓練されたゾウが何頭も育てられており、絵の市場もあるとのことです。ゾウの場合、絵を描く複雑な過程を記憶しているらしく、その能力の高さには驚かされますが、自然界には絵を描くゾウはいません。ゾウの世界に芸術があるとは言えないでしょう。

チンパンジー、ゴリラ、オランウータンなどの類人猿やサルも、飼育下では絵を描きます。夢中で何枚も描き続け、筆を取り上げられると怒るチンパンジーもいるとのことですから、絵描きになる素質があるチンパンジーがいるのかもしれません。しかし、チンパンジーも自然界で絵を描くことはありません。「忙しくて描く暇はないのかもしれない」とダイアモンドは推測していますが、それはともかく、類人猿の世界にも芸術があるとは言えないようです。芸術はヒトという生きもの独自の世界と考えてよさそうです。

芸術は「私たち」のいる空間の把握

ここで改めて人間にとっての芸術とは何だろうと考えている時に、これぞという言葉に出会いました。先ほど言語研究をする脳科学者としてお名前をあげた酒井邦嘉さんとの対談で、日本画家の千住博《せんじゅひろし》さんがこうおっしゃっています。

芸術とは何かと言うと、「私たち」のいるこの空間を把握したい、という行為なのです。

／「芸術に個性は必要ない」と私は言い続けています。必要なのは個性ではなくて、世界認識のための「切り口の独創性」なのです。常に芸術は「私は」ではなく「私たちは」という発想です。「私たちは」どのような世界に生きているか、という「世界表現」が芸術です。多くの方が間違えていますが、「自己表現」ではないのです。

（『科学と芸術――自然と人間の調和』日本科学協会編、中央公論新社）

これこそ、まさに知りたいことでした。ここでの「私たち」はもちろん、「人間である私たち」です。芸術は人間だからこそのものであり、そこで重要なのが「私たち」であるという明快な答えを得ることができました。

人間には、私たちのいるこの空間を把握したいという願望があり、明確な把握のために必要なのは「切り口の独創性」であるという考え方は、本書のテーマそのものです。芸術の側から考えていくと、「私たち」は当然人間に限られますが、生命誌は「私たち生きもの」という感覚を持つことを求めています。この感覚を芸術に生かしていけば、一つのオリジナリティある切り口になるはずです。この対談では、お相手の酒井さんが「科学も全く同じです。個性を磨いて研究するのではなく、重要な発見は切り口の新しさにあります。（中略）単著の論文では著者を指してwe（私たち）を使う習慣があります」と答えています。確かにそうです。この習慣は大事なことを示しているのかもしれません。

芸術は人間らしさを特徴づけるものであり、そこで「私たち人間」という意識を持つことによって、本当に人間らしく生きられるという大事なことがわかりました。ここでレオナルド・ダ・ヴィンチの顔が浮かび、ピカソの『ゲルニカ』が見えてきて、私たちの生き方を考える上での芸術の重要性を改めて感じた次第です。世界を捉える独自の切り口として「私たち生きもの」という意識を持つ生命誌の立場は、芸術を人間にとって不可欠なものとして意識する生き方であることが確認できました。

芸術の起源

そこで、ダ・ヴィンチやピカソを心の中にしっかりとしまいながら、芸術の始まりに目を向けます。芸術が世界認識を示すものであるなら、古代の人々が周囲の自然をどのように見ていたかということが重要であり、恐らくそこにはアニミズムがあっただろうと多くの研究者が指摘しています。

日本人の場合、少なからぬ人が今も山や森との間に通じ合うものを感じていると言ってよいでしょう。宮沢賢治の童話『なめとこ山の熊』では、ヒトとクマが対等に語り合っています。対称なのです。人間と自然を対立させて考える現代社会に慣れている人に、是非読んでいただきたい物語です。人間と自然の対称性、アニミズムは、「私たち生きもの」の基本です。

ヨーロッパに暮らしていたクロマニヨン人が描いたとされるフランスのショーヴェ洞窟やスペインのアルタミラ洞窟の壁画がそれぞれ3万6000年前、1万8000年前とされ、このような活動はヨーロッパで始まったとされてきました。ところがすでに触れましたが、21世紀になって南アフリカにあるブロンボス洞窟で7万3000年ほど前のものとされる、顔料で格子模様の刻まれた石が見つかりました。その後すぐに貝殻でできたビーズ、顔料の詰まった貝殻なども出てきました。格子状の模様は意図的につけられたものであり、ここで視覚的なシンボルを持つようになったと思われます。

従って、認知革命はヨーロッパで起きたのではなく、アフリカでそのような能力を獲得したヒトが、アフリカを出て世界各地に広がったと考えられるようになりました。それを示す一例として、インドネシアの洞窟には3万9900年前頃のものとされる手形の並ぶみごとな壁画があります。ここから、私たちの表現は、まずシンボルとして模様や手形を残すことから始まり、その後、動物などの姿を描く時代が来たという流れが見えてきました。

チンパンジーも絵を描くと言いましたが、点や線を描くだけでものの形を表すことはありません。ここから見ても、模様を描いたり手形を押したりすることと、目で見たものの形を描くこととの間には大きな隔たりがあると言えます。前述のショーヴェ洞窟、アルタミラ洞窟や1万9000年ほど前のフランスのラスコーの洞窟などで発見される多くの絵はウマ、バイソン、クマ、フクロウなどの動物であり、しかもそれが生き生きと描かれているのに驚きます。手形や記号のような図形にももちろん描く意味はあったわけで、芸術の道がそこから始まったと考えられるとしても、3万5000年ほど前のヨーロッパで芸術にとって重要な一歩を踏み出す動きがあったと考えてよいのではないでしょうか。

それらの壁画には、木炭で描かれているもの、オーカーなどの顔料で塗られたものがあり、茶、黒、赤、黄などの色彩がみごとです。ここに名前をあげた洞窟は有名ですが、これ以外にも多くの洞窟壁画が知られており、認知革命以後の人間生活の動きを知る大きな手がかりです。これらの活動がどのような形でどのような時に行われ、どのような意味を持っていたのか。これからの解明が、人間が人間として生きる道への足取りを教えてくれるに違いありません。

これらの絵には、狩猟の成功や動物の繁殖を願う呪術の意味があるのではないかという指摘があります。洞窟の中は音響効果が良く、音楽が奏でられたと考えられており、宗教的な意味を与える説も出ています。一方、単なる暇つぶしという説もあり、まだまだこれからの研究が必要ですが、いずれにしても洞窟内の活動は、仲間たちの結束を高める役割を果たしていたでしょう。芸術の始まりと受け止められる行為がこれだけ古くから存在したことは確かであり、私たち人間は本来自身の中にある思いを表現することを求めているのです。

「芸術とは何か」という問いに、これぞ正解という一つの答えを示すことはできないでしょうが、先にあげた千住博氏の考えは心に響きました。それをより具体的な形で語っている千住氏の言葉を紹介します（『芸術とは何か――千住博が答える１４７の質問』祥伝社新書）。「人間について考えること、バランスの取れた精神や未来を考えること、豊かな自然の恩恵のなかでの生を考えることが本来、芸術の役割です」。わたしが「生命誌」の役割と考えていることとピタリと重なり、今このような活動はより重要になっていると思います。それに絡めて、芸術とは何かを考えることとは、「私たちの社会とは何かを考えること」「人間の良心について考えを及ばせること」「社会の歪みや私たちの心の歪みを識《し》ること」「人間が兜《かぶと》や鎧《よろい》を脱ぎ捨てて、勇気を出してむき出しの傷つきやすい心に触れること」であるという言葉があり、これもまさに「生命誌」で考えたいことそのものです。

あまりにも重なるので、この本の最後の言葉も引用させていただきます。芸術とは何ですかという問いに「人間がおたがいを知り、わかりあおうとする行為であり、人間の存在そのものです。そして、人々が必要とする提言を含み、共通項を探し出し、それで語ろうと試みる、人間どうし『仲良くやる知恵』を芸術と言います」。このような役割をする芸術が不要不急のものであるはずはありません。生命誌も同じです。

16

人間としての歴史が始まる——虚構の中で

人間は「連続しながら不連続」な存在

今の地球には、ヒトはホモ・サピエンス一種しかいません。

もっとも近年、化石からのDNAの抽出と解析が可能になり、絶滅したとされるネアンデルタール人のDNAが中東とヨーロッパの現代人のDNAの中に1～4%ほど入っていること、メラネシア人とオーストラリア先住民のDNAには、デニソワ人のDNAが最大6%入っていることがわかってきました。生きものはさまざまな形での「つながり」を特徴とするのであり、現代人の中で絶滅した種が一部生きていながら、種としてはホモ・サピエンス一種だけという実態の中に過去とのつながりを感じることが大事でしょう。

ホモ・サピエンスのゲノムには、他の生きものたちとの共通な部分も多く見られます。中でも霊長類とは非常に近く、彼らを研究することで人類の特徴が浮かび上がり、そこからわかってきた事実は少なくありません。生活面でも、ゴリラの家族やチンパンジーの集団のありようを見ると、私たちはこの両方を持つ形になっており、それが私たちの生き方の特徴をつくっているのだということはすでに述べました。このように私たちが他の生きものたちとつながっていることは、ホモ・サピエンスが誕生した20万年前も今も変わりはありません。

もちろん20万年の間にＤＮＡの変異はあり、それが現在の暮らしに生かされてはいます。アフリカから他の大陸に移動し、温度、湿度、降雨、日照などの異なる地域に暮らすようになり、肌の色や体型がその地に適合して変化していった背景には、ＤＮＡの変異があります。ただ一方で、ゲノムとしての基本は変わっていないことを忘れてはなりません。つまり、ホモ・サピエンスという私たちの生き方を考えるには、他の生きものとの連続性を踏まえながら、なお不連続な存在として生きている事実を見ていく必要があります。

生きものの研究では、この「連続しながら不連続」という視点が大切です。今私たちの生き方を考える上で最も大事な切り口だと言ってよいでしょう。現代社会は割り切り型になっており、他の生きものとの不連続を見る人は、人間だけが特殊と考え、自然から離れた世界に進むことをよしとします。科学技術によって、人工の世界をつくり、その中で暮らすことを幸せと考えるのです。一方、自然派は、人間も自然の中にあることに注目するあまり、科学技術に強い不信感を抱きがちです。私たちは生きものであることを自覚するなら、「連続しながら不連続」という曖昧な位置づけを認識した上での生き方を探るしかなく、それが前向きな選択だと思います。科学技術の持つ意味は充分理解しながらも、人間は自然の一部であるという事実を踏まえて生きることです。ここにこそ人間らしい生き方があるのです。

私たちの生き方を問い直すには

他の生きものたちはもちろん、絶滅してしまった人類とも異なる私たちホモ・サピエンスの特徴は、7万年ほど前から始まった「認知革命」であることが、見えてきました。言葉を持った私たちは、文をつくって思考し、仲間との意思疎通をはかることによって、文化や文明を生み出してきました。ここで行いたいのは人類の歴史を追うことではありません。認知革命以降、農業革命、都市革命、精神革命、科学革命、産業革命という革命を経て、文化・文明を育ててきた大きな流れの結果生まれた私たちの現在の生き方を問い直したいのです。

17世紀の科学革命の後に18世紀の産業革命を経て19世紀には科学技術社会に入り、現在に続いています。科学技術社会は進歩・成長・拡大へ向けて利便性を高めることでよりよい方向に進んでいるとされてきました。しかし、近年の地球環境問題に代表される自然との関わりの中で起きている多くの問題、情報化の急速な進展がもたらす人間性に関わる問題、度々起こるウイルス感染によるパンデミックなどを考えると、このまま進んでよいのだろうかという問いが生まれます。時に、これはホモ・サピエンスとしては滅びの道かもしれないというイヤな思いが頭の中をよぎることさえあります。「はじめに」に書いたように異常気象のような形で問題が顕在化してきましたので、近年、世界的にも現代科学技術社会の見直しという動きが起きています。

最もわかりやすい具体例は、SDGsでしょうか。2015年に開かれた国連サミットで、すべての国の共通の目標として定められた「持続可能な開発目標（Sustainable Development Goals)」です。世界を変えようというスローガンの下、エネルギーや気候変動のような近年急速に深刻化している課題だけでなく、貧困や飢餓、健康や福祉、はたらき甲斐など日常生活に関わる事柄のすべてに目を向けています。国はもちろん企業も関心を示し、世界的に大きな動きになっていることは評価できます。

ただ、これらの問題それぞれへの対処だけでなく、このような問題山積の社会になっているのはなぜだろうと、基本を問う必要があるのですが、それがなされているようには思えません。この問いへの答え探しはとても難しいことです。科学や科学技術を悪者にして否定しても、良い答えが出てくるとは思えません。

そこで、「人間は生きもの」という紛れもない事実を基本に置き、人間という生きものの特徴を生かした見直しをして行こうと思うのです。まず人間が40億年という長い歴史の中で生まれた多様な生きものの一つであること、直立二足歩行をしたための特徴があること、次いでその中でも「認知革命」を起こし、他の生きものにはない文化・文明を持つ存在になったことなどの事実をよく見て、そこから見直そうと考えました。ここには「連続しながらの不連続」があるので、それを踏まえた見直しはとてもとても難しそうですが、生命誌を切り口にしてなんとか考えていこうと思います。

絶望と希望を生み出す能力

私たち人間（ホモ・サピエンス）は、独特の言葉を持つことによって150人（ダンバー数）という他の生きものにはない大きな集団をつくることができ、その中での協力関係が独自の社会をつくってきました。

恐らく言語と深く関わりながら生まれた能力だと思うのですが、人間だけが持つとされるのが「想像力」です。長い間のチンパンジー研究から、彼らが人間を超える直観像記憶を持つことを示したのが松沢哲郎さんです。たとえばコンピュータ画面にランダムに数字を出してすぐに消し、書かれていた数字の場所を小さい順に示していく作業をすると、チンパンジーは人間以上の能力を示します。実はわたしも一度挑戦したことがあるのですが、完敗でした。つまり実際に目に入るものを記憶する直観像記憶は必ずしも人間が優れているとは言えないということです。森で果物がいつ、どのように熟していくかを憶《おぼ》えておくことは、チンパンジーにとって生死に関わる大事な能力ですから、優れていて当然でしょう。

このような研究を重ねた結果、松沢さんがこれぞ人間の特徴として導き出したのが「想像力」です。チンパンジーの顔の輪郭を描いたものを見せると、チンパンジーと2歳までの人間の子どもはその輪郭をなぞるだけなのに、平均2歳8ヶ月を過ぎた人間の子どもは、そこには描いてない目を描き入れるというのです。ここから人間は、そこにないものを思い描けるということがわかります。

ここで松沢さんは、急性脊髄炎で動けなくなったチンパンジーを助けようと看護した時のことを思い出します。動けないためにひどい床ずれになっているのに少しもめげず、人に向かって口に含んだ水を吹きかけるなど、元気な時に好きだったいたずらまでしていることがふしぎでした。自分だったら生きる希望を失うに違いない状態なのに、なぜこんなことができるのだろう。そこで気づいたのが、人間は将来を想像するから絶望するのであって、今ここだけを生きているチンパンジーにはそれがないのだということでした。絶望するのは未来を想像する能力あってのことであり、これは人間に希望を持たせる能力でもある。これが松沢さんの結論です。よく理解できると同時に、人間の業《ごう》のようなものを感じます。

「虚構」の力

想像力は人間にしかない。そしてそれが新しい未来を創り出す創造力につながるのだと考えると、想像力の使い方の大切さが浮かび上がってきます。この本で考えたいことの鍵はここにあると言ってよいように思います。Y・N・ハラリ著『サピエンス全史』にも、私たち人間が現代に到る文明を築いた原動力はまさにこの想像力にあるとあります。ホモ・サピエンスが生き残ったのは柔軟な言語を手に入れたからであり、その結果「川の近くにライオンがいる」という情報によって仲間が協力できるようになったと同時に、人間についての情報、つまり「うわさ話」もするようになりました。うわさ話の意味についてはすでに述べました。

重要なのはこれからです。ハラリは、言語が持つ真に比類ない特徴は「まったく存在しないものについての情報を伝達する能力」であり、うわさ話は、事実を伝えるだけではないことに気づくのです。確かに、かなりいい加減な話が広まった例をいくらも思い出せます。実は、人間らしさを生み出すのに大事なのは「虚構」であり、具体的には伝説、神話、神々、宗教などがそれにあたります。

これらが生まれると一人ひとりが想像するだけでなく「集団で想像できるようになり」、これこそが人間の生き方を支えているとハラリは言います。共通の神話の下では、家族や身近な仲間とだけでなく赤の他人とであっても協力できるようになり、これが私たち人類の力になったというわけです。うわさ話のレベルでまとまる自然の集団は150人に止まりますが、虚構によってそれを超える集団をつくることができ、原理的にはどこまでも広げることが可能になります。ここで、そこからどのような生き方ができるのか、どのような社会がつくれるのかという問いが生まれます。

人間に特有の虚構には多様性があり、そこから生じる行動パターンにも多様性があります。これが文化であり、文化は変化しながら発展してきました。この変化を「歴史」と呼ぶとハラリは言い、「したがって、認知革命は歴史が生物学から独立を宣言した時点だ」と言い切るのです。「歴史的な物語《ナラティブ》が生物学の理論に取って代わる」とも言います。もっとも一方で、「これは、ホモ・サピエンスと人類の文化が生物学の法則を免れるようになったということではない。私たちは相変わらず動物であり、私たちの身体的、情緒的、認知的能力は、依然としてＤＮＡに定められている。私たちの社会は、ネアンデルタール人やチンパンジーの社会と同じ基本構成要素で構築されており、感覚、情緒、家族の絆といった、これらの要素を詳しく調べれば調べるほど、私たちと他の霊長類の違いは縮まっていく」とも言っていますけれど。

生きものたちの歴史物語から

ハラリの主張をまとめると、「歴史は生物学的特性の領域の境界内で発生するが、この領域はとても広いので、驚くほど多様なゲームができる。私たちは、虚構を発明したおかげで複雑なゲームを編み出し、世代と共に発展させてきた。私たちのふるまい方を考えるには歴史に学ぶべきで、生物学的制約だけに言及していてはいけない」となります。今考えなければならないことがみごとにまとめられています。基本はその通りです。

ただここでわたしは、「歴史的な物語が生物学の理論に取って代わる」というところを考え直したいのです。21世紀の今、私たちは「生きものである私たちを、生物学の理論ではなく、生きものたちが辿ってきた40億年の歴史物語（ヒストリー）の中に置いて考えること」ができるようになったという事実があります。

そこでわたしの中に、もし狩猟採集から農耕へと変化していく時に、そこで暮らす人間が21世紀を生きている私たちと同じように自身を40億年の歴史の中に置いて考えることができたら、農業の歴史はどのようになっていただろうという問いが生まれてきました。言い方を換えるなら、現代社会に行き詰まりを感じ、ここからどこかべつの道を探すのではなく、『私たち生きもの』の中の人間」としての本来の道を歩く農のあり方を考えてみようと思ったのです。

虚構はいかようにもできるはずです。最も身近な虚構としてお金があり、現在、そのあまりにも不平等な分配が社会を歪めています。お金のない社会とまで極端なことは申しませんが、現実から離れてお金がお金を生むことで動いていく社会は、本来の生き方とは思えません。安全で美味しい食べものをつくる人をはじめとして、現実の暮らしを支える人々が評価される社会をつくり、心豊かに暮らしたいと思うと、現状からどう変化してその道を探るのではなく、生命誌を知ったうえで、初めて農耕を始めるとしたらどんなことになっただろうと考えてみたくなったのです。1万年前に始まり今に続く農耕はやはり人間が自然の外へと向かい、自然を支配する形を求めてきました。結局それは階級社会につながり、自然離れを求める科学技術の支配下に入ってしまったのです。格差社会や環境破壊につながる農耕ではなく、地球上の誰もが食生活を楽しみ、心豊かな暮らしができる社会へ向けての農耕を今始めるとしたら、どういう姿なのだろうと考えてみたくなったのです。今私たちが手にしている40億年の生命の歴史物語を生かしたらどうなるか。生命誌としてはこのように問います。

17

狩猟採集という生き方を現代の目で見る

古代人は現代人と同じホモ・サピエンス

40億年の歴史を持つ生きものたちの一つとしての人間が、「『私たち生きもの』の中の私」を意識しながら、「他の生きものたちと連続しながら不連続」という特殊性を生かした暮らし方を探るというテーマは決まりました。それは科学技術社会である現代社会の持つ問題点の見直しです。でも、科学技術社会はこの100年ほどのこと、長く見つもっても18世紀に起きた産業革命以後のことです。それ以前の農耕文明も1万年ほどですから、人類の歴史の中に置けば決して長くはありません。認知革命という人間独自の革命を起こした後も、人類は基本的に他の生きものたちとの連続性が大きい狩猟採集生活をしていたのです。そこで、現代社会での生き方だけを人間のありようとする思い込みを捨てて、狩猟採集生活をていねいに見ていくと、本来の道が見えてくるかもしれない。生命誌の立場からはどうしても考えてみたいアプローチなのです。

他の生きものと共通性の高いとされる狩猟採集時代は、これまで人間としての能力を充分発揮していない、価値のない時代と位置づけられてきました。しかし最近になって、考古学、人類学、脳科学、心理学などさまざまな分野の研究から、この時代を生きた人間は決して現代人より劣った生き方をしているとは言えないと考えられるようになりました。まずその身体能力や心のはたらきは、基本的に今の私たちと同じであることがわかっています。身体感覚を生かした環境への対応など、現代人より優れているところがあることも明らかにされています。生きものとしての基本構造は同じであり、身体や心の持つ能力は環境に応じて発揮されるのですから、複雑な自然の中で単純な道具を用いて暮らしている古代人の方が優れている部分があってもふしぎではありません。

狩猟採集生活の間に言葉や芸術を生み、石器などの道具を改良し、土器もつくるようになりました。家族やその集まりである仲間づくりも、少しずつ形を整えていきました。ゆっくりとしたテンポではありますが、他の動物とは異なる、人間としての暮らしができ上がっていったのです。

そこで、狩猟採集という人間社会の始まりを見ることで、私たちは本来どのような暮らし方を望み、どのような暮らしを幸せと感じるのだろうかと考えてみたいのですが、これは非常に難しいことです。というのも、7万年ほど前にアフリカを出たホモ・サピエンス（これ以前にもアフリカを出る例はありましたが本格的出アフリカはこの時）はまず中東からユーラシア大陸の中で拡散を始め、さらにはオーストラリアへ、その後南北アメリカ大陸へと広がっていきました。日本列島にも3万8000年前には渡ってきていたことがわかっています。このような地球のあらゆる場所での暮らしが一様なはずはありません。狩猟採集社会の最終段階での人口は数百万人（500万～800万）とされていますが、これらの人々は言語も文化も多様でした。その土地の自然に合わせた暮らし方が生まれ、文化が育っていくのであり、この多様性は重要です。しかし、その底には普遍性があるはずであり、生命誌としては多様と普遍を重ねて探りたいと思います。

地球に生きるというグローバルを

このように地球全体に広がった大型の生きものは他にはいません。同じ時にアフリカの森で暮らしていたチンパンジー、ボノボ、ゴリラなどの霊長類仲間は今も変わらずアフリカにいます。人間だけがグローバルな存在。このユニークさには注目しなければなりません。新しい土地へ移って生きていくためには、新しい生き方が必要になります。雪の降る平原、気圧の低い高地など、さまざまな気候の土地に暮らす間に身体的変化も起きましたが、それ以上に自然をよく知ってそれを活用する工夫がなされました。他の生きものとの違いは大きくなっていきます。

現代はグローバル社会と言われます。本来祖先を一つとする仲間なのですから、世界中の人が地域や国のレベルを超えて、つながる社会になるのは好ましいことです。けれどもグローバル社会の実態は、交通手段が発達し、情報化社会になる中、資本主義における経済競争の勝者が「グローバル企業」となって世界を席捲《せっけん》しているのです。これを支えているのは単一の価値観です。多様な自然の中で生まれた多様な文化を持つ集団が相互に交流し合い、多様性を尊重しながらつながりをつくっていくのが地球、つまりグローブで暮らす生きものとしての生き方であるのに、今のグローバルはそうなってはいません。

風土という考え方

狩猟採集時代は、自分の置かれた自然の中で生きものとして生きており、外との関わりは身近なところにいる集団との間にしかありませんでした。今は生きものであることを意識しながらも、科学技術の力で遠くへ出かけたり、地球の反対側にいる人と情報交換したりできるのです。「『私たち生きもの』の中の私」という意識を「地球の中の私たち」という形にできるのであり、そのような生き方が求められているのです。ただ、どれだけの広がりを持とうとも、自分が生きものであり自然の一部であるという基本は狩猟採集生活時代と変わっていないのですから、生身の関わり合いは今も不可欠です。

地球に生きることを意識するために、もう一つ考えておきたいことがあります。現代社会が自然を環境として客観視し、人間と分離し、従って社会とも分離していることです。そのような捉え方をしているので、森林破壊や海洋汚染などを「環境問題」という客観的事実として捉え、分析データを重視して、その解決は科学技術に委ねることになります。もちろん科学的視点で、現象を分析してデータをとり、それを問題解決につなげることは必要です。けれどもそれだけで、現在起きている異常気象などの解決は無理でしょう。最も重要なのは私たち人間の生き方であり、考え方です。自然の一部として暮らし、社会をつくっていくという意識がまずあって、そこで科学を生かせばよいのです。

ここで、このような認識を持つ生き方、つまり狩猟採集時代に近い生き方について考えますと、日本には「風土」という概念があることに思い到ります。この言葉に注目した和辻哲郎は、『風土――人間学的考察』（１９３５年）でそれを世に問いました。風土を『広辞苑』で引くと、「その土地固有の気候・地味など自然条件」に続いて「土地柄」とあります。和辻が『風土』で示したかったのは、「人間存在の構造契機としての風土性を明らかにすること」と言っています。つまり『広辞苑』にあるように自然条件を客観的な自然環境と捉えて、それと人間との関係を考えるのではなく、そこにある自然を主体的な人間存在の表現として捉えているのです。周囲にある自然を「人間がどう生きるか」という課題としてどう捉えるかということなのです。

考えやすい具体例として家の建て方を考えますと、思い出すのが『徒然草』です。「家の作りやうは、夏をむねとすべし。冬は、いかなる所にも住まる。暑き比《ころ》わろき住居は、耐へ難き事なり」という文言は、よく知られています。日本の夏は高温でもあるけれど、最も辛いのは湿度が高く蒸し蒸しすることです。そこで「深き水は涼しげなし。浅くて流れたるはるかに涼し」「用なき所を作りたる、見るも面白く、万の用にも立ちてよしとぞ、人の定め合い侍りし」という文が続きます。ピタリと閉じた空間ではなく、すき間が感じられることで、涼しさを手にしようと言っています。今の建築はどうでしょう。窓の開かない高層ビルを建てて、エネルギーを使って空調をしています。

入母屋《いりもや》造りの和風建築を建てましょうとは申しませんが、近代建築でも風の道を考えることはできるはずです。ちなみに我が家は特別な造りではありませんが、幸い四方にある窓で風の道がつくれますので、空調機は来客時以外使いません。最近は猛暑が続き、6月末の天気予報に「明日は体温を超える危険な暑さになります」と言われるようになりましたので、これまで以上に工夫が必要です。風を生かす暮らしは日本文化の特徴につながる話ですが、ここではそこまでは広げません。

狩猟採集生活をしていた祖先は文字を持っていませんので、彼らの生活記録はありませんし、和辻のように体系立てて考えてはいなかったでしょう。でも、彼らは周囲の自然をよく知り、その特性を生かし、それに合わせて暮らしていたに違いありません。私たち日本人は、客観的な環境を考えて人間・社会と分離する現代科学技術社会の流れとは異なる、「風土」という考え方を抵抗なく取り入れられる利点を持っています。これを活用していきたいものです。

和辻は著書の中で「人間の第一の規定は個人にして社会であること、すなわち『間柄』における人であることである。従ってその特殊な存在の仕方はまずこの間柄、従って共同体の作り方に現れてくる」と言っています。歴史の中で共同体がどのような形をとり、間柄がどうであったかという具体を考えると面倒なことも出てきますが、この捉え方は人間を「私たちの中の私」としている生命誌の立場と重なります。

環世界

生命誌としては、「風土」から二つの展開をします。一つは、和辻自身が言及していることです。「自分が風土性の問題を考えはじめたのは、一九二七年の初夏、ベルリンにおいてハイデッガーの『有と時間』(筆者注：『存在と時間』)を読んだ時である。人の存在の構造を時間性として把捉する試みは、自分にとって非常に興味深いものであった」とあります。そこで、人の存在を時間性と同じように空間性としても把握しなければいけないというところから、「風土」という考え方が浮かんできたというのです。空間と時間の中で考えることの大切さは、生命誌としてこれまで何度も指摘してきました。

もう一つは、和辻は考えていなかったでしょうが、生命誌の立場から『風土』を読むと、生きものという存在と環境との関係として、生物学者ヤーコプ・ユクスキュルが提唱した「環世界」とのつながりが見えます。「環世界」とは、単なる周囲の事物としての環境ではなく、それぞれの種の動物が主体的に意味を与えている世界を指します。

わたしの部屋を考えます。書棚にはわたしにとって大事な本が並び、机の上にはこれまで書いた文や友人たちとのメールが入ったコンピュータがあります。その隣には紅茶の入ったマグカップと休憩時のためのケーキを置きました。この部屋にもしハエが入ってきたとしても、意味があるのはケーキくらいであり、魅力的な場とは言えず、魚屋の店先の方がはるかにすばらしいところです。ハエにとっての環世界とヒトにとってのそれとは違うのです。ユクスキュルは、「動物の世界を判断する際に人間世界の尺度を導入すると、そのたびに過ちを犯すことになるだろう」と、人間中心で動いている現状に警告しています。相手の立場になって考え、行動することは、人間同士だけでなく他の生きものまで含めて大事なことです。

人間を高める認識とは

生きものは自分の都合に合わせて短時間で新しい器官をつくるなどして環世界を変えることはできません。道具を用いることで環世界を深め、広げることができる唯一の生きものが人間です。これがさまざまな土地に暮らせる理由になります。現代社会は、これでもかこれでもかというように新しい機械を開発し、環世界を広げてきました。

ここでユクスキュルは、「われわれ人間の環世界を百万光年ものかなたまで広げることが人間を高めるのではない」と戒めます。そして、人間も他の生きものも含めての環世界はそのすべてを包括する全体につつまれているのだという認識が人間を高めると言い切ります。自分たちだけの拡大を求めるのではなく、あらゆる生きものたち全体の中に自分がいることを忘れず、それを踏まえた生き方をすることこそ人間を高めるのだという考え方は、まさに生命誌で考えようとしていることです。このような捉え方ができるのは人間だけなのですから。

「風景という知」を提唱しているフランスの文化地理学者オギュスタン・ベルクさんが、「風土」と「環世界」を関連づけています。ベルクさんの言葉です。


「私たちの祖先は、風景に心を向けたわけではないのに、驚くべき風景知を演じている。いっぽう私たちは、風景についての知で溢れかえりながら、風景知があからさまに欠如している。どうしてそういうことが生じるのだろうか」　（『風景という知』世界思想社）

風景を客観的対象として理解する知への注目は必要だが、そのために風景そのものの中にある知を忘れているのは問題であると指摘する興味深い考え方であり、二元論を超える点で生命誌との重なりを感じています。「私たち生きもの」というところから出発して進めてきた考え方は、日本人に限定されるものではなく、どこで暮らしていても自然・生命・人間を素直に見るところから生まれるものと言ってよいでしょう。

「環世界」はさらに「アフォーダンス」という考え方の重要性を浮かび上がらせます。アフォードは与えるという意味ですから、環境はそれぞれの動物に価値や意味を与えていると捉えることを指します。人間以外の動物の場合、意味の読み解き方は生来決まっています。牧草は牛にとっては食べもの以外の何物でもありません。けれども人間の場合、そこに咲く花を楽しめます。とくに現代社会では、これを利用して牧場を始めるか刈ってしまって土地を他に使うかなどさまざまな対応があるでしょう。どのような価値観で行動するかが決め手になります。

この考え方はアメリカの知覚心理学者、ジェームズ・ギブソンが1960年代に出したもので、生きものは常に環境（空気〔媒質〕、物質、面の三つ）から意味や価値を読みとっているのであり、アフォーダンスは「環境の事実であり、行動の事実である」と言っています。

ここで行動がどのようなものになるかが問題です。

狩猟採集という他の生きものとの連続性の高い生活から、現代人、とくに21世紀を生きる者として何が学び取れるかということを考えるための方法を探し出しました。徒然草からアフォーダンスまで、自然を環境として客観視して人間や社会と分離してはならないとか、拡大を求めるのではなく自然全体の中に自分を置くことが人間を高めるなどという大事な視点を見出しました。時代を超えて、洋の東西を問わず、このような考え方があることを心に留め、それらに学びながらこの先を考えていきます。

18

世界観を求めて——アニミズムの現代的意味

狩猟採集民の世界観

生きものとしての連続性と人間独自の特徴に注目した時の不連続性とが重なり合う中で、不連続性の方が少しずつ目立ち始めていくのが認知革命以降の生活であり、それが現代にまでつながります。『私たち生きもの』の中の私」という立ち位置は、不連続性を生かしながらも連続性を忘れないところにあります。そこで大事なのは「世界観」です。生命誌から生まれる世界観を探求するために、まずこれまでの世界観を追います。

ホモ・サピエンスはほぼ世界中に広がっていますので、狩猟採集生活はそれぞれの場での暮らしとして多様ですが、その底には共通性があります。少数とはいえ今も各地に現存する狩猟採集民の研究と、古代の狩猟採集民についての遺跡を通しての研究から、興味深い共通性が見えます。

現存の狩猟採集民としては、南部アフリカに暮らすサン（ジェイムス・スーズマン、池谷和信などの研究）、マレーシア・サラワク州のプナン（奥野克巳の研究）の例を学びました。グレート・ジャーニーとして人類大移動の過程を逆行し、途中のさまざまな土地で狩猟採集民と生活を共にした関野吉晴さんの話も聞きました。古代の人々については縄文人を中心にして、典型とされる事柄を探っていきます。

狩猟採集民は基本的に家族を単位とし、それがいくつか集まった集団をつくって暮らしていることはすでに示しました。私たちの祖先は、生きものとして見た時のオスとメスの体格も、犬歯の大きさもあまり違わないことから、配偶者を獲得するためのオスの競争の少ない一夫一妻が原則だったと考えられます。一夫多妻社会は農耕牧畜が始まり、富の蓄積ができるようになってから生まれたものであり、しかも多妻の実例はそれほど多くありません。夫婦と子どもたちを核とし、それに祖父母や夫婦の兄弟姉妹が共に暮らすこともあるというのが家族の姿でした。そのような家族が集まった集団ができ、その人数は通常数十人であり、時に100人を超えるものもあるという状態です。

縄文時代の遺跡の発掘が進み、住居が1棟だけ見られる場所もあるけれど、3棟が並んでいるケースが多いとわかってきたのは興味深いことです。条件の良い場所ではこれがいくつかまとまって存在し、全体で10棟、20棟というレベルの集まりになっているところもあるとのことです。その場合、共同作業や行事、祭祀の場として中央広場があります。集落です。三内丸山遺跡は大規模な集落の例です。植物採集や小さな魚などを捕って食べるのは家族単位でできますが、狩猟や大がかりな漁獲となれば近くの仲間、さらには集落での協力が必要です。

現代社会の持つ価値観を見直すために、狩猟採集民の持つ世界観・価値観に目を向けます。彼らは完全に自然に入り込んだ生活をしているのですから、世界観も自然から分離しない形でつくられているのは当然です。「人間は生きものであり、自然の一部」という生命科学が明らかにした事実は、狩猟採集生活では自ずとすべての人に共有されていたでしょう。まさに「『私たち生きもの』の中の私」としての毎日です。世界観を知るために、まず日常生活で何を考え、何を大事にしているかを見ていきます。

生活と言えばまず食べものです。狩猟採集生活と言いますが、日常は採集に支えられています。森林の中で樹上生活をし、果実を食べて生きてきた歴史からも、主として植物食だったでしょう。日本列島は、本州北側の落葉広葉樹林と、南に下って照葉樹林帯が広がっていますので、ブナ科のドングリや、クリ、トチ、クルミなどの実がたくさんとれます。

三内丸山遺跡の集落周辺には、管理していたに違いないクリ林があります。さらに、ダイズの野生種であるツルマメや、アズキの野生種であるヤブツルアズキが栽培されており、時の経過につれてそれらが栽培種であるダイズやアズキに近づいていったことがわかってきました。その他、採取した貝や漁業による魚、さらには狩猟による鳥たちやイノシシ、シカ、ノウサギ、タヌキ、クマなどの動物たちと、食べものの種類は多く、豊かな食生活が浮かび上がります。

「いのち」への思い

ここで考えたいのは、食べるという形で生きものと向き合う時の人々の気持ちです。食べものとして動物や植物を手に入れる時、そこには「いのち」への思いがあったに違いありません。先ほどまでかけ回っていたシカが動かずに目の前に横たわっているのを見て、そこで消えた何かがあるのを感じ、それを皆で食べることで自分たちが生きていけるのだという実感を持ったでしょう。人間と自然との間の互酬関係が、今も残る儀式や神話の中に多く見られますので、そこで自然へのお礼の気持ちを抱いただろうことが想像されます。いのちの実感です。小さく切られてラップに包まれた肉を手にした時に、これと同じ感覚を持つのは難しいことであり、ここに現代社会の問題点があります。

子どもの頃読んだ絵本にあった、アイヌのクマ送り（イヨマンテ）を思い出します。アイヌの人々は動物、身近な道具などにも魂があると考える、いわゆるアニミズムの世界観を持っています。そこですべての身近なものに対して役に立ってくれたことをねぎらい、カミの世界へと送る儀式を行います。クマは身近であり、しかも最も大型の特別な生きものなので、自然の大きさを意識させるものとして特別の気持ちで送るのでしょう。

ここで、15章の芸術の起源でも引用した宮沢賢治の『なめとこ山の熊』が浮かびます。猟師（マタギ）の小十郎は、東北の山に暮らす熊撃ちの名人であり、町で熊の毛皮や胆《きも》を売って暮らしを立てています。熊を撃ちに行くなめとこ山は自分の座敷のような気がしており、熊の言葉もわかります。事実小十郎は、山の中で熊の親子の愛情に満ちた会話を耳にしています。ですから小十郎は、熊を殺してはいても憎んではいなかったのです。ところである時、熊が銃を構えている小十郎に「おまえは何がほしくておれを殺すんだ」と問います。小十郎は「お前の毛皮と胆が欲しいだけで、それも高く売れるものでもない。ほんとうに気の毒だけれど仕方がない。けれどもお前にそんなことを言われると、栗かしだのみでも食ってそれで死ぬなら死んでもいいような気がする」。このような意味の答えをします。

小十郎と熊の関係、難しいですね。「私たち生きもの」として考えていると、こう答える気持ちはよくわかりますけれど、そうかと言って他の生きもののいのちをいただいて生きることは、私たちも行っているのです。

ここで熊は、「もう二年ばかり待ってくれ。二年目にはおれもおまえの家の前でちゃんと死んでいる」と言い、その約束を守ります。ここで小十郎は思わず拝むようにしたと賢治は書きます。その後のある日、今度は小十郎が大きな熊に襲われ、「熊どもゆるせよ」と思いながら死んでいくのでした。小十郎と熊の間には相互に認め合い、交感し合う生き方があります。お互いに贈与し合うことによって生まれる関係性があります。

生命誌では、人間は生きものというところからこのような関係を生き方の基本とします。中沢新一さんが「比較宗教論」を論じる中で同じ関係を人間活動の側から見出し、「対称性人類学」を提唱しています。狩猟民の世界では乱獲は起きず、動物たちの暮らす領域を勝手に人間がおかすこともしませんでした。そこでは動物たちに対し、自然に対し、人間は「倫理的」にふるまっていたと言うのです。それを支えていたのが対称性、つまり人間と動物は対称であるという考え方です。生命誌と重なります。

実は小十郎も言っていたように、熊の毛皮や胆を売っても決してその努力に報われるような値段がつくわけではありません。そのような人間世界でのずる賢い人について、賢治は「こんないやなずるいやつらは世界がだんだん進歩するとひとりで消えてなくなっていく」と書いているのですが、とんでもない。今やずる賢いほど生き残る社会になっていると言ってもよいようです。進歩とは何なのでしょう。ここに描かれた贈与・交感の気持ちが「『私たち生きもの』の中の私」として生きる基本であり、それが搾取の方向へ歩んではいけないと思いながら考え続ける他ありません。

アニミズムの再発見

自然と深く関わる狩猟採集生活時代の人々の世界観は、アニミズムと呼ばれるすべてのものに魂の存在を感じ取るものであったと思われます。現在の狩猟採集民の世界観から考えても、自然にはどこかふしぎさを感じさせるものがあります。実はわたし自身、生命科学から生命誌へと移行した時に、科学の世界にいる時と自然との関わりが変化していることを意識し、そこにアニミズムが関わっていると感じました。以来アニミズムが大事な課題であるとわかっていながら、心……というより魂が関わり、宗教に続く課題ですから安易には入り込めず、これまで生命誌として正面から向き合うことはしてきませんでした。けれども「『私たち生きもの』の中の私」を考える今、「アニミズム」が重要な視点であることを確認しないわけにはいきません。アニミズムについては多くの研究があり、宗教と関連させての考察が必要であることは承知しています。

生命誌を考え始めた頃に文化人類学者の岩田慶治先生にアニミズムについて考えるようにと強く言われたことを思い出します。送って下さった多くの著作を、もっと真剣に読み、お話を伺っておかなければいけなかったと反省しながら、『カミと神――アニミズム宇宙の旅』（講談社）を開いています。ただ、宗教として考察するところまでは考えが進んでいません。著作を読み直して新しいものを探す努力をすることをお約束しながら、ここでは生命誌という知のありようとしての範囲で、アニミズム的思考の必要性を考えるところに止めます。

鶴見和子さんが社会学の立場から、現代の学問にとってのアニミズムの重要性を感じておられ、それについて話し合ったことを思い出しました。鶴見さんはアメリカで社会学を学び、帰国後水俣病の現地調査に参加されました。

アメリカで「社会の中の出来事は社会の中だけで説明する」と教えられ、それを正しいと思っていたのに、水俣の調査では人間と自然との関係を取り入れずに考えを進めることはできないと気づいた鶴見さんは、悩みます。そして、社会に閉じこもらず自然をも取り入れて考えるという姿勢を選び、「内発的発展」という切り口を見出されたのです。発展は一律のものではなく、その土地にある自然や文化によってそれぞれに進められるものであるという考え方です。

水俣病を起こすような現代文明は、一律な進歩拡大を求めてきたところに問題があるということが見えてきたのです。これはまさにわたしが生きものについて、一つひとつの生きものはそれぞれに自分を生かす「自己創出系」であると捉えなければならないと気づいたことと、ピタリと合う考え方です。そこにはアニミズムが生きてくるというところも重なりました。

その時、鶴見さんがアニミズムの基本として出されたのが、(1)自然と人間との間に互酬の関係があるという信念、(2)自然に対する限りない親しみと畏れ、(3)死と生の間の交流の三つです。細かな説明はしませんが、これまで生命誌として語ってきたことと重なると感じていただけると思います。「自然そのものを見ようとする」なら、科学でも社会学でも、アニミズムと共有する自然との関わりが生まれてくるのでしょう。
「近代的な学問の中にいながら、アニミズムとは何を言うのか」と非難されそうです。しかし、学問を進めてきたからこそ自然の本質をそのまま見ることができるようになり、自然の中に入り込んで心と身体とで自然を実感していた狩猟採集時代の人々と同じものを感じ取ることになったのです。

詳述はしませんが、宮沢賢治の他にも南方熊楠《みなかたくまぐす》など科学への関心を持ちながらアニミズムの感覚を持つ人が日本にはいます。生命誌では、私たち人間が生きものの一つであるという事実を通して、現代社会におけるアニミズムの意味を考えます。日本はそれを考える良い場だと思いますので。

アニミズムでは、アイヌの人々の場合でわかるように、あらゆる存在の中に魂があり、それをカミの世界に送ると言います。生命誌では「人間と自然との間に互酬関係がある」という感覚を抱きます。そこでは、従来の科学による解明の対象になるモノとして捉えられない何かを思わずにいられないことは確かです。ここで魂という言葉を用いることにやぶさかではありません。

ただ、このような文脈の中で文化人類学・民俗学で用いられるカミという言葉を、今のところは生命誌には持ち込まず考えたいと思っています。カミは、その後世界各地で確立していく宗教の中で、神という絶対的存在につながっていく言葉です。アニミズムを宗教とは独立した知である生命誌の中で考えるという今の気持ちに正直に、カミという言葉を用いずにまず「いのちのふしぎ」とし、考えを進めていきたいと思います。

自然は、科学ですべて解明できるものではありません。生命誌は、科学に拠《よ》りながら科学を超える知として組み立てているので、自然の一部である人間（ヒト）として、自然に、思うようにはならない大きなものを感じることを素直に認めます。「『私たち生きもの』の中の私」として生きている私は、クマ送りをするアイヌの人々、さらには古代の狩猟採集民と同じように、超越した他界ではなく、自分と同じ世界の続きに存在するものとして「ふしぎな何か」を意識しています。それは私たちとつながっていながら、私たちの力で自由にできるものではない何かです。

アイヌの場合、カミがクマの仮面を被って人間の世界に現れることは、カミの世界が人間の世界から超越したものではなく、動物を通して連絡できるものであることを示します。私たち生きものという実感はこれと重なります。

知ると同時に畏れる

この関係について、中沢新一さんが、「メビウスの帯」で考えるという興味深い示唆を与えて下さいました。メビウスの帯、つまり紙テープを一度ねじってから貼り合わせるとできる輪は、表と裏がつながっています。アニミズムの世界では、私たちが暮らす世界とカミの世界とがどちらでもあり得るという、メビウスの帯のような通路でつながっています。アイヌのクマ送りでは、あちらへ行ったクマがまた戻ってきてくれる、つまり通路を行ったり来たりするのです。

生命誌では、科学研究によって明らかになった生きものの姿を見つめ、その本質を知ることで世界観をつくりあげ、生き方を考えていきます。そこでは生きていることと死ぬこと、人間と自然など、一見分けられるもののように語られる事柄が、実はメビウスの帯の表と裏であると考えると、実態が見えてくるように思います。生きものの世界はこのような形でつながっているのです。

現代社会では、すべてを二元論で考えます。生命に関わることも生と死、男と女、遺伝と環境などと、あたかも両者が対立するものであるかのように語られます。けれども生きものの実態はきれいに二分されるものではありません。生と死も、男と女も、遺伝と環境も、入れ子になってつながっているのです。メビウスの帯です。すべてを二分し、時にそれを対立させたり〇か×かを決めたりする現代を考えると、改めて、鶴見和子さんと話し合った生き方の大切さ、とくにいのちに対する畏れを抱くことの大切さを思います。

哲学者であり美学者である今道友信先生が科学を否定的に見る理由を、「科学は好奇心で動くからだ」とおっしゃいました。「珍しいこと、未知のことへの興味」は大事な能力だが、そこには対象に対する畏れがないと先生はたしなめられました。確かに生きものの操作には畏れはありません。

今道先生は、対象への知的な関心には驚き（タウマゼイン）が必要で、そこには知ることと同時に常に畏れがあるのだと語られました。狩猟採集社会にあった世界観であるアニミズムを、原始的とか遅れていると言って切り捨てることはせずに、現代の学問を生かしながら評価することです。恐れではなく畏れを持ち、「『私たち生きもの』の中の私」として地球で暮らす生き方が見え始めました。

19
アニミズムに見る互酬から交換経済へ

互酬と贈与

鶴見和子さんとの話し合いの中で、アニミズムには「自然と人間との間に互酬の関係があるという信念」があるという捉え方が出てきました。

生命誌では自然、とくに生きものの世界はすべてが関わり合っており、お互いに与えたり与えられたりするという形でき上がっており、自然の一部である人間もその中にあると考えます。まさに互酬です。そこでの人間社会を考えるなら、人間同士もお互いに与えたり与えられたりの関係にあることになります。これが経済の原点ですが、その仕組みは大きく変わってきました。自分が欲しいものを手に入れるにはどうするか。すぐに思い出すのが、サルカニ合戦です。カニが持っているおにぎりがどうしても欲しいと思ったサルは、自分の持っている柿のタネと交換しようと言います。おにぎりは食べてしまえばそれでおしまいだけれど、柿のタネはまけば柿の木が育ち、そこにたくさんの実がなるのだから、こちらの方が価値があるのだと言って。物に価値をつけ、それを評価しながら自分の欲しいものを手に入れていくわけです。

アニミズムにある互酬の関係は、交換ではなく贈与です。私たち人間の持つ特徴の一つとして共感、つまり思いやりがありますから、自分が美味しいと思ったもの、美しいと思ったものは、あの人も同じ受け止め方をするに違いないと考えて贈りたくなるでしょう。贈り物は単なるモノではなく、そこに贈る人の気持ちが込められています。受け取った側もその気持ちを嬉しく感じ、二人は結びつけられます。こうして贈与は愛情や信頼などが動く状態をつくります。

いくら交換の経済システムになったとしても

しかし社会が大きくなり、物の量も増えると、物を物として動かす必要が出てきます。そこで交換が始まり、異なる物の間で価値を決めるための単一の尺度として貨幣が生まれます。こうして物質としての富の蓄積を求める資本主義、貨幣としての富の蓄積を求める金融資本主義へと動いていきます。完全に交換の世界です。

けれども私たちの心の中には、互酬という形で存在した相互関係を大切にしたいという気持ちが今も残っています。社会の価値尺度が一つになり、交換という形で富の蓄積が唯一の評価になっていく社会になるのを寂しく思う人は少なくないでしょう。現代社会では贈与が、交換社会での利益や社会的地位に利用される場合があり、これは悲しいことです。

けれども、どれほど交換が優勢になったとしても、人々の間から贈り物を楽しむ心が失われることはありません。科学技術が進歩し、機械化が進み、合理性で社会が動くようになっても、人と人との関係や心のはたらきを社会の基本から消すことはできません。システムとしては金融資本主義で動いていても、本当の社会は私たちの心なしに動くはずがないのですから。巨大システムになってもフィランソロピー、クラウド・ファンディングなど人の心で動くものが生まれています。

世界は広くなっており、交換の経済システムで動くことになるのは自然のなりゆきでしょうが、それが贈与を支える人間という実体の結びつきを消すのは、社会を生きにくいものにします。お金がお金を生む金融経済は、「『私たち生きもの』の中の私」を原点に置く社会には合いません。考えなければなりません。

20 人間として生きる——物語の必要性

「話す」から「語る」へ

私たち（ホモ・サピエンス）の大きな特徴は言葉を持つことであり、現代社会での生活も言葉あっての毎日です。家族より大きな仲間をつくって共同で狩りなどができたのは、細かな指示を出せる言葉があったからでした。これに加えて、いわゆる「うわさ話」という形で人々のありようを知ってそれを他の人に伝えることもよく行われていたという考え方が出ています。「うわさ話」となると単に目の前にあるものや人について話すだけでなく、そこにはいない人について話す場合もあり、時にはつくり話もまじっていたに違いありません。

このような行為は「話す」というより「語る」と言った方があたっています。古代の人々は実際に野外へ出て狩猟採集をしている時間はそれほど長くはなかっただろうと考えられています。現存の狩猟採集民の暮らしぶりにもそれは見られ、食事の用意をし、それを皆で共に食べ合う時間や休憩時間はたっぷりあります。そんな時は皆でおしゃべりをしていたに違いありません。少しまとまった時間に、今日見てきたことや体験してきたことを身振り手振りを交えて話している様子が目に浮かびます。

ここで想像力という、他の生きものにはない人間だけが持つ能力を考え合わせると、なかにはまとまったつくり話をする人も出てくるでしょう。「語る」は「騙《かた》る」に通じるところがあると、哲学者の坂部恵先生に教えていただきました。誰かになりすまして詐欺をはたらくというように、騙っている時には主体も話の内容も共に二重化しています。坂部先生は「語る」という行為には、すでにこの二重性があるのだとおっしゃいました。誰もが詐欺師になる性質を抱え込んでいるということでしょうか。そう言えば、子どもの頃にお姫様になりきってつくったお話を、弟や妹に話すと涙を流して聞いてくれるので、もっと熱心に耳を傾けてもらおうと次々新しい話を産み出したことがありました。

ここでは想像力が活躍します。言葉と想像力が結びつき、物語ができ上がっていくのです。物語としては、現実と離れた思いもよらない話の方が喜ばれます。そんなの嘘だなどとは誰も言わず、思いきり想像力の翼をはばたかせた話を皆が聞きたがります。ほとんどの文化に神話・説話と呼ばれる物語があります。

私たちの祖先が創りあげた物語の世界は、それぞれの文化を育み、さらには文明をも生みました。さまざまな文化・文明が、それぞれの物語を持ちながら時に対立し、時に融合して歴史をつくってきたのです。

ユネスコで日本が推し進めた「文明間の対話」

ところで、ロシアがウクライナに侵攻し、日々激しい戦闘をくり広げている現在の社会は、生きることの基本に存在してきた「物語」を失っているように思えてなりません。それがこのような、とんでもない状況をもたらしているのではないでしょうか。時代を追って考えていかなければならないところですが、本書は今の社会を考え直すというテーマを持っていますので、1万年の時を超えて今について考えます。

物語を失ったために壊れ始めている社会に向けての提案として、服部英二さんの言葉に耳を傾けたいと思います。服部さんはユネスコ（UNESCO）で「文明間の対話」をテーマにプロジェクトを動かしていらした方です。大きなお仕事ですのですべてを紹介はできませんが、文明社会である現代であっても、そこには必ず物語を持つ文化があることに注目するところに特徴があります。

服部さんが企画・実行されたプロジェクトは、「世界中に多様な文化があることをまずお互い認め合うことによって、文明間の衝突ではなく文明間の対話ができる」という考え方に基づいて進められたのです。その成果として、２００１年にユネスコが「文化的多様性に関する世界宣言」を出します。この内容の実現によって世界は対話をし、平和であることができるとされるもので、「世界人権宣言」に続くすばらしい宣言と評価されています。宣言は、フランスの海洋学者で哲学者のジャック・イヴ・クストーの「生態系の強靭性を種の多様性が支えているように、人間社会の強さは文化の多様性が支えている」という考えが基本にあります。生命誌は、これとまったく同じ考えです。

ユネスコ憲章には「戦争は人の心の中で生まれるものであるから、人の心の中に平和のとりでを築かなければならない」とあります。この憲章と人権および文化的多様性に関する宣言とを合わせると、人間としての本来の生き方が見えてきます。権力志向のリーダーや金銭計算のみの軍事産業など、まったく非人間的な判断で動いている今の社会は、ホモ・サピエンスとして恥ずべき状態であることがわかります。今すぐに始めるべきは対話です。私たちは物語を持ち、対話するために言葉を持っているのだということを再確認しなければなりません。情報社会と言われ、さまざまな手段によって世界にばらまかれている言葉には、無意味なものが多過ぎます。

言葉は物語をつくり、対話をするためにホモ・サピエンスに与えられたものであり、対話でない形で使ってはいけないものなのではないでしょうか。対話の相手は人間に限られるものではなく、自然に向けての対話は、時に祈りにもなります。多様な物語を持つことの大切さは、現代社会が目を向けなければならない大きな課題です。

宇宙の中に「私」を位置づける

物語は世界観を語るものです。神話・説話では自分たちを取り囲む宇宙をどう捉え、その中で自分たちはどのような位置を占めているかが語られます。ここで図2をもう一度見て下さい。そして、これまで語ってきた「『私たち生きもの』の中の私」はそのまま地球につながり、宇宙につながっていることを確認して下さい。生きものは地球に暮らす存在であり、地球は宇宙にある一つの星です。

現代社会では、宇宙と言うとまず国際宇宙ステーションを思い浮かべ、世界中の国々が打ち上げた人工衛星のはたらきを考えます。宇宙と言っても宇宙ステーションは地上400㎞に過ぎませんから、宇宙から見たら地上にへばりついていると言ってもよい位置です。もちろん月面着陸、火星への旅の計画、はやぶさによる小惑星の試料の地球への持ち帰りなど、宇宙の一員としての活躍はホモ・サピエンスならではの物語であり宇宙を知ろうとする活動は重要です。けれどもいわゆる宇宙開発という形で行われている月や火星への関心は、地球上での覇権や経済競争の延長上にあります。宇宙をそのような場として見ることが人間の生き方として好ましいものとは思えません。

科学によって138億光年という大きさを持つことがわかり、大きさがありながら果てしないという言葉を使いたくなる宇宙を思い浮かべ、その中にいる自分を考えることの意味は、実用性をうたってそこにまで競争を持ち込んでいる宇宙とはまったく別の意味を持っています。最近、宇宙の研究が急速に進み、ダークマターやダークエネルギーなど、新しい物語の存在を示し、夢をかき立てます。その中に「私」を置くことは、現代を見直し新しい生き方を探す一つの方法になります。こうして地球という星での生き方を見直すことが今最も重要なのであり、それをせずに宇宙開発などと言うのはおこがましいとしか言えません。

ハッブル望遠鏡もすばる望遠鏡も存在せず、自分の目で空を見ていた古代の人は、どうしても科学の目でものを見てしまう現代人よりも、果てしない宇宙を感じていたに違いありません。大きなものに包まれている感覚は、今の私たち以上のものだったろうと推測します。夜空には星がダイヤモンドの粒をまいたように輝いていたに違いありませんので、それらを眺めながら語り合ううちに自然界のくり返し（季節なども含めて）に気づき、その中で生きる生きものたちについての知識も増えていったでしょう。

宇宙の中に存在する私が、今ここで動植物たちと関わり合い、その死に直面していくことの意味を考える場としては、現代の都会よりは古代の暮らしの場の方が良質だっただろうと想像します。そこで、自分たちが生活に取り入れはしたけれど恐ろしい力を持つ火、大事な水、光などの意味を考える物語をつくったことが、多くの地域・文化が持つ説話や神話からわかります。私という存在、そして私がその中にいる私たち共同体は、宇宙の中に位置づけられるのです。

今、科学という知によって生命誌を読み解き、生きものは地球・宇宙へとつながっていることを明確に知った私たちは、それに基づいた新しい物語を語り合いながら生きることによって、暮らしやすい社会をつくっていけるはずです。物語と同時にさまざまな表現、いわば芸術が、科学によって得た知を「私」の日常の中に置く役割をします。生命誌は科学と表現を一体化することで、生きることそのものを考える知です。最初に述べた「本来の道」へとつながる知として生かしたいと願っています。

魂を揺さぶるムブティの音楽、そして遊びも

科学者であり芸術家の大橋力《つとむ》さんがコンゴ民主共和国の熱帯雨林に暮らすムブティ（ピグミー）と呼ばれる人々を訪ねた時の話です。それまで味わったことのない快適な自然環境で賢さと優しさを見せる人々と過ごす中で、彼らの合唱を聴き、魂を揺さぶられたと言います。あまりに高度で美しい歌に驚き、録音して譜面にしてみたところ、中世ヨーロッパのキリスト教会のポリフォニーの音と同じものが顕れたのだそうです。小さな子どもたちもそれを歌っているというのですから、身体の中から自然に湧き出てくるのでしょう。

音楽は重要な芸術であり、時間の流れが物語につながるものでもあります。大橋さんは、狩猟民の生き方を「本来」と名付けます。生命誌が探しているのは現代の知を充分に生かした「本来」に近づくことです。

音楽を楽しむ様子はさらに子どもの遊びへとつながりました。現在の狩猟採集民の暮らしぶりからは、遊びの重要性が浮かび上がっています。他の動物も、とくに子どもは遊んでいる様子が見られますが、多数で遊ぶのは人間の特徴と言えるようです。わたしが子どもの頃は「花いちもんめ」や「かごめ」など皆で手をつないで遊びましたが、それと同じものを狩猟採集民の子どもたちが楽しそうにやっている映像を見て、いつでもどこでも子どもは同じと痛感しました。子どもたちは自然に「私たちの中の私」としてふるまえるということであり、多数での遊びに人間の原点があるというのは興味深いことです。

第三部　土への注目——狩猟採集から農耕への移行と「本来の道」

21
農耕へ向けて——生命誌による物語を持った上で

改めてホモ・サピエンスの特徴とは？

このまま進んで大丈夫だろうか？　多くの人がそう考え、べつの道を探そうという動きが出ている中で、「『私たち生きもの』の中の私」という切り口で「本来の道」を見つけたいと思って考え始めました。

長い進化の過程で霊長類の一種として生まれた人類（ヒトという生きもの）の特徴は、なんと言っても直立二足歩行です。ここで大きな脳、自由な手、独特の喉と骨盤の構造が生まれ、これらが他の生きものにはない暮らし方を生み出しました。小さな犬歯を持つヒトは、「弱い」という言葉のあてはまる存在であり、力で他を圧するのではない生き方が本来の姿です。

アフリカの森で生まれたヒトは、そこに暮らす他の動物たちと同じように狩猟採集生活を始めました。そこでヒトの選んだ生活は、家族を形成し、共食と共同の子育てをするというものでした。人間は弱いからでしょう、多産です。霊長類で年子が生まれるのは人間だけ。それを家族の皆で育てます。しかも狭い骨盤を通って大きな頭の子が生まれるので、難産であり早産という人間ならではの子育てが必要になります。

狩猟にはそれなりの人数が必要ですので、いくつかの家族が集まる集団で行います。ここではそれぞれの役割がありますが、分配は平等でした。このような集団と家族とへの帰属という複雑な関係を上手にこなして、楽しく暮らす人々の姿が浮かびます。

現代人の直接の祖先であるホモ・サピエンスは7万年前の認知革命によって、明確に他の生きものとは異なる道を歩き始めます。現存するヒトはホモ・サピエンス一種であることは心に留めておきたいことです。サピエンスは、石器、土器などの技術や火を用いての調理などを改良し、生活の質を上げました。イヌが家畜として仲間になり、狩りに大いに役立つという新展開もありました。言葉が重要な役割を果たし、芸術が生まれるなど、他の生きものとは異なる人間としての暮らしになっていきます。現在の狩猟採集生活民の暮らしぶりから、遊びの大切さも浮かび上がります。共感力が強く、想像力、創造力を持つという特徴が文化・文明を生み、今の社会があります。

地球で賢く生き続けるための農業のかたち

私たち生きものの中にいながら、私たち人間は独自の生き方である、定住、栽培を始め、農耕への道を歩み始めました。ここから先は人間独自の文明を築き現代までの歴史を刻んできました。従って、現代社会の見直しをして「べつの道」、それも、生きものとしての「本来の道」を探ろうとするならばこの時点からの見直しが必要です。

今、私たちが直面している地球環境問題は、異常気象、マイクロプラスチック問題など具体的な形で日常を大きく変化させ、小手先の対応で解決するものではありません。SDGs活動は人間の善意を呼び覚ますものであり、ある期待を持ちますが、進歩、拡大を基本に置く近代社会の価値観はそのままで、「地球上の生きものとして生きる」という姿勢ではありませんから、根本的解決にはつながりません。実は、このようなことを考えていると、日本は先進国として科学技術にどっぷり浸かっている国でありながら、一人ひとりの心の中に縄文時代から続く自然の中にある生きものという感覚が残っているのではないかと思えてくることがよくあります。そこで、歴史をひもといていくと、江戸時代が浮かび上がります。戦争はなく、衣食住すべてについて自然を意識しており、自然の循環を生かしたみごとな暮らしぶりです。江戸の研究者である田中優子さん、石川英輔さんらの著作で具体的な姿を教えられ、学ぶこと大です。

ただ、ここでは科学を基にした「生命誌」が語る知恵をすべて取り入れながら「人間は生きもの」という意識を明確に持って生きる社会を考えたいのです。科学技術社会を否定せず、科学、科学技術を生かしながらの見直しをしたいので、江戸時代は大いに参考にしながらも、他の生きものたちと分かれて人間としての道を歩き始めた原点である縄文時代へと戻って歩き直したらどうなるだろうと考えます。

狩猟採集生活を離れて農耕を始める時に、生命誌つまり地球上の生きものすべてが40億年の歴史を持ち、人間もその歴史を共有する生きものの一つであることを知っていたと仮定します。「『私たち生きもの』の中の私」という認識を持ち、思考も行動もそれを基に決めていくとするのです。人類が農耕を始めた時は、もちろんこのようなことを知りはしませんでした。そのために後述するように「農業は最大の詐欺だった」という言葉が発せられる事態になったのではないだろうか。生命誌の立場からの問いです。

「『私たち生きもの』の中の私」として、地球で賢く生き続けるための農業はどのようなものになり、それがどのような道につながるかを考えます。

物語をつくる能力

ホモ・サピエンスは、言葉を用いて物語をつくる能力があり、いかに生きるかということはどのような物語を持つかということなのです。一人ひとりにとっての大事な物語は世界観です。「自然をどう見るか、生活をどう見るか、そしてどう生活し、行動するか」を自分なりに決めて暮らさなければ、いい加減に生きることになってしまいますから。

生命誌という知を創る努力をしたところ、それが自分の世界観となり、生きる軸ができ、この軸を持っているとさまざまな分野のさまざまな考えとつながることがわかってきたので、この世界観を持つ社会を考えてみようと思い立ったのです。

私たちは今、生きることそのものが持つ面倒さ、複雑さを受け止めることが苦手になっています。食べものについてもレストランで美味しい料理を楽しむだけで、食材を提供してくれる農業や漁業にまで関心を広げることはありません。面倒や複雑さから逃げずにいるには自然に向き合う必要があります。そこでは皆が物語を共有できるはずですし、それがサピエンスの生き方でしょう。その物語は「『私たち生きもの』の中の私」が「40億年の生きものの歴史の中に組み込まれた物語」、平たく言うなら「いのちの物語」をもとに紡いでいくものです。そこに科学が読み解いた事実を取り込むことで生命誌が生まれました。

もっともいのちの物語のすべてが科学で読み解かれているわけではありませんし、科学ですべてを読み解くことはできないでしょう。しかし、科学による物語がとても豊かであることも事実です。たとえばダークマターやダークエネルギーについての最新研究成果をもとに描く宇宙のイメージは、古代の人々が描いた夢と重なりながら、私たちの自然認識を柔軟にしてくれます。理論物理学のホーキング博士の著書にある、宇宙についてある科学者の講演を聴いた後、「すばらしいお話でした。そしてその宇宙は大きな亀の上に乗っているのですよね」と笑顔で語った年配の女性がいたという話が好きです。

アニミズムの世界も、生命科学が明らかにした事実が描くさまざまな生きものたちの中に暮らす「私」と生きものたちの関係、山や川や森との関わりとして描き出せます。それを統《す》べる神をイメージしなくとも、宇宙の中に誕生した地球で生まれた自然界として捉えるなら、その無限とも言える壮大さと永遠とも言える時間との奥にある深遠さへの畏れは自ずと湧いてきます。

このような物語の中に人間を置いた時、そこから最先端科学技術を武器開発に向け、権威や権力のために無差別で大量の殺人をするという行為が生まれてくるでしょうか。わたしの中では「いいえ」という答えしか出てきません。

科学の成果をすべて取り入れたサピエンスの生き方を支える物語は、アニミズムを生かし、宇宙への夢も抱く、生きることの喜びを支えるものになるはずです。生命誌はこの物語を紡いでいきます。

歴史を戻すことは不可能ですが、生命誌をもとにした物語をもとに農耕を始めたらどうなるかと考えることで、本来の道を探り、できることならそのような社会をつくる可能性を探りたいと思います。

すべての物語は「ごまかし」なのか

ここである問題に出会いました。

『サピエンス全史』で私たちの来し方を総合的に捉えたY・N・ハラリは、著書『21 Lessons──21世紀の人類のための21の思考』（河出文庫）で、もう物語の時代ではないと言っています。物語は虚構であり、結局ごまかしに過ぎないのであると説明し、「政治家が聞こえの良い観念的な言葉を使って話し始めたときには、いつも用心しなくてはいけない」と警告します。それは現実の苦しみをごまかしたり非難をかわしたりしているのかもしれないからです。ここで物語としてあげられるのが、貨幣や国家です。貨幣を生み出し交換経済を活性化し、国家という形で権力構造をつくってきた歴史が現実です。

貨幣も国家も虚構の産物であり、今ここにごまかしがあることは確かです。だからと言って物語を全面否定するのはどうでしょう。そうではなく、現実に真剣に向き合いながら、よりよい生き方につながる物語を紡ぐことが必要です。

ごまかしの一つに、20世紀末から盛んに言われるようになった「グローバル社会」という言葉があります。グローブは地球ですから、本来は地球という星に暮らす人々は、すべてつながりを持ち一つの社会に暮らすという意味のはずです。生命科学は、地球上に暮らす80億人余りの多様な人々はすべて、20万年ほど前にアフリカで誕生した少数のホモ・サピエンスの子孫であり、生きものとしては一種、完全な仲間であり、お互いは理解し合えるはずであることを示しました。つながりを意識して社会を組み立てるのはあたりまえです。

けれども、盛んに使われた「グローバル社会」は、そのような意味ではない虚の言葉でした。新自由主義、金融資本主義を掲げる大企業が世界市場を支配する一律化を意味し、そのために科学技術を開発し、活用しました。地球の持つ多様性を無視した行為を「グローバル」と呼んだのです。それは格差を拡大し、結局世界の分断化をもたらすことになりました。そのような動きがプーチンによるウクライナ侵攻という最悪の事態を招くことになり、グローバルという言葉は使われなくなりました。地球に暮らす人々が、それぞれの地域特性を生かして多様性、豊かな地球文化、地球文明を創っていく本来のグローバルは霧の彼方です。けれども、それを物語の否定につなげてはいけません。現実をごまかすためにつくる物語がいけないのであって、現実の苦しみに真剣に向き合いながら、よりよい生き方につながる物語を持つことは重要です。

食べることと生きること

現代社会は、情報技術が急速に進歩し、地球上のどこにいる人とも言葉を交わせますし、大量の情報が日々手に入ります。今やメタバースと名付けられたバーチャルな空間で、分身を動かしての活動もできます。これは地球全体をつなぐ可能性を持つ技術ではありますが、それと同時に、虚構の拡大でもあり気をつけなければなりません。

関心のほとんどがスマホの画面に向いている人でも、食事は取っているでしょう。肉や魚や野菜、つまり生きものたちに支えられ、生きものとして生きるところから逃れることはできません。一時期、栄養分さえ取れればよいのだから完全栄養丸薬を飲む時代が来るという予測もありましたが、今や消えました。宇宙ステーションでも、味の良さだけでなく、見た目も美味しそうな食事が求められています。近年、料理への関心は高まっており、食べることが生きることの中で大きな場を占めているという点では、現代人も古代の人々と変わりませんし、恐らくこれは今後も続くでしょう。

ただ、古代と現代の大きな違いは、古代人は食べることについてすべて自分が責任を持っていたのに対し、私たちはスーパーマーケットですぐに料理できる材料、時にはすぐに口にできる製品を買っているところです。食べることと生きることのつながりが消費の部分だけであって、生産とは何の関わりもなく暮らしている人が大半です。

食べることが生きることだという感覚はあるけれど、生きものとしてのヒトが生きることの基本である、自然からの食べものの入手には関わらない生活をしているのです。ここに大きな虚構がつくられ、ごまかしが生まれる危険性があります。これでは本当に生きることにはなりません。ここで古代の暮らしに戻ることなく、この危うさをなくす生き方を探る努力が必要になります。すべてのヒトが実際に農耕に携わることはできませんが、食への関心を持ち、それが自分の食卓に載るまでの経緯、まさにそこにある物語を感じ取ることが、その始まりです。

農耕への道を歩んだことに対する疑問

狩猟採集生活を続けている人は21世紀の今も存在していますが、野生生物だけを食している人々はもう残っていないとされます。

歴史の流れとしてサピエンスは、地球上のあらゆる場所で農耕を始めました。狩猟採集生活にももちろん人間独自の側面はありましたが、野生生物を食べるという点では他の生きものと同じであり、地平は連続しています。農耕になると自然の操作という人間に特有の生き方になりました。1万年から1万数千年前です。食べることは生きる基本ですので安定した食を求めてのこの移行は当然ですし、食べる楽しみを求める私たちの暮らしから農耕という行為は消えないでしょう。

定住を始めた人々による農耕の起源とその歴史を追ってきた研究者たちは、長い間、これを人間のみごとな進歩と捉えてきました。わたしが子どもの頃、野蛮という言葉をよく耳にしました。野蛮は「文明が開けていない」という意味と同時に「無教養で粗暴、乱暴で人道に反する」という意味も含まれています。狩猟採集生活をしている人々に対して、検証をすることもなくこのようなイメージを持っていたのです。今は、これは間違いとはっきりしています。今地球上で暮らす人々が、基本は自分と変わらない仲間であるという意識と同時に、20万年前から暮らしてきたホモ・サピエンスはすべて同じ仲間と捉えるのが「生命誌」です。しかもこれまでに見てきたように、狩猟採集生活にはみごとな文化があります。

実は近年、農耕文明を革命的進歩とする従来の評価に大きな疑問符がつけられるようになりました。ハラリは「農業革命は、史上最大の詐欺だったのだ」とまで言っています。「パンドラの箱を開けてしまった」と言う人もいます。農業革命は手に入る食糧の総量を増やしはしましたが、よりよい食生活、より長い余暇には結びつかなかったことがわかってきたのです。農作業によって、椎間板ヘルニアや関節炎など、現代人も悩んでいる疾患が始まったとも言われます。

J・ダイアモンドは次の三点のマイナスをあげます。栽培できる作物はコメ、コムギ、トウモロコシなどデンプン質が多く、狩猟採集民のタンパク質、ビタミン、ミネラルに富んだ食事より質が落ちたこと、凶作の時には餓死の危機に瀕したこと、伝染病や寄生虫がはびこったことであり、いずれも生活の質は落ちたことになります。

農耕への道の歩み方に対する疑問が語られ始めたのは、20世紀末です。近代化の中での農業の科学技術化、工業化という大きな課題があり、そこで用いた薬剤が自然破壊や健康被害などを引き起こしました。それに疑問を呈したのが「はじめに」で紹介したレイチェル・カーソンです。その指摘により農薬や除草剤に工夫が加えられて人間はもちろん他の生きものへの影響の小さなものが開発されるなど、人々の意識が変わりました。その中で農業は自然と向き合う行為であることを意識し、自然農法、有機農業を提唱し、実行する人も少しずつ増えていきました。しかし、社会の持つ価値観が進歩・拡大であり、それを支えるのが科学技術であるという構図が変わらず、しかも人口増加の見られる中では、生産性から見ても農業全体をいわゆる〝自然農法〟へ転換することはできずに21世紀に入りました。

現代社会が抱える自然破壊などさまざまな課題の原因は、農業を始めたところにあると言われるまでになった今、農業の見直しが必要であることは確かです。しかも、目の前で起きていることをどう変えるかという発想では対応が難しいところまできており、「農業革命は詐欺である」という言葉を意識しながらの見直しが必要です。それは機械論に基づく現代社会の価値観の見直しでもあり、生命誌が明らかにした「人間は生きもの」という事実を知った上で、農業を始めたらどうなっていただろうという発想に辿りつきました。

22

農耕社会への移行――拡大志向と格差の始まり

農耕社会の持つ問題は拡大と階級格差

まず、1万年前の農耕への移行の際に見られた問題点をあげます。狩猟採集生活の方が多様な食物をとり健康で時間的余裕があったことがわかっているのに、農耕民の方が優位になっていった原因は人口です。農耕の方が養える人数が多いので人口が増え、狩猟採集民を追いやって自分たちの土地を増やしていきました。人口こそ力という捉え方は今も続いています。

農耕の主要作物である穀物は貯蔵可能であるために、農耕に携わらなくとも食べていける人々が生まれ、その後の階級社会へとつながっていきます。そこから富と権力の集中も生まれてくるのです。現在の農耕の歴史を見てそこにある問題点を指摘したダイアモンドは、このような農耕のあり方を見直し、それとは異なる「祝福にあふれた農業の営みを実現する方法」を見つけ出せるだろうかと問うています。これはまさに、生命誌が問うていることです。実は、ダイアモンドの口調にはこれは難しいぞという響きが感じられます。そうでしょう。でも「祝福にあふれた農業の営み」を見つけなければ人類の未来は危ういのですから、考える他ありません。

地球でなく人間が滅びる

ダイアモンドの指摘のように、とても難しいであろう農耕の見直しをするには、農耕社会から産業革命、科学技術革命へとつながった歴史を見て、問題点を検証する必要があります。狩猟採集から農耕へというサピエンスだけが歩んだ独自の道が文明を生み出し、それが大きく展開して科学技術文明が生まれました。こうして現代人は我が世の春を謳歌してきました。食べもので言うなら飢餓より肥満に悩む人の数の方が多いと言われますし、東京では世界中の料理を楽しめます。平均寿命は年を追って伸びており、医療の進歩がさらにそれを延長すると期待されています。

けれども、21世紀が始まってから、文明の未来は危ういと感じる人が増えてきました。サピエンスに未来はあるのか。誰にも予測できることではありませんし、悪い未来を望むものではありませんが、東日本大震災に代表される自然災害、気候変動、コロナパンデミックなどの中で多くの人がなんとなく不安を感じていることは確かです。一つには、これらの原因がどう考えても人間活動にあると思わざるを得ないからです。東日本大震災も原子力発電所の事故があったために、10年以上たっても人が暮らせない地域ができてしまいました。二酸化炭素の排出量の抑制、ウイルスワクチンの開発など個々の事柄への対処はもちろん必要です。けれども科学技術や社会制度などの力だけでの解決は無理です。そのように言い切る根拠をデータで示すことはできません。ここは生きものとしての直観で、基本からの見直しという立場で考えます。

未来を語る時、地球が危ういとか生きものたちが滅びると言われることがありますが、危ういのは人間なのです。地球が太陽の終焉と共に終わりを迎えることはあっても、人間の力で滅びることはありません。太陽は今後50億年は続くとされますので、地球の心配はしなくてよいでしょう。

地球上の生きものたちはどうでしょう。これはわかりませんが、生命システムは46億年の地球の歴史の中で40億年間進化をしながら続いてきました。もちろん何度も大絶滅はありましたし、これからもあるでしょうが、その中でも必ず生き残るものがあり、しぶとく続いてきたのが生命システムです。地球のありようはこれまでも変化を続けてきましたし、今後も変化します。小惑星の衝突もあるでしょう。さまざまな災害はあっても、地球から生きものたちがいなくなることはないだろう。これまでの生きものの科学が教えてくれるのは、このシステムのロバストネス（頑強性、堅牢性）です。

問題は人間です。生きものとしての人間は生きる力を退化させ、滅びの道を歩いているように見えます。

危うさの原因は、「人間は生きものであり、自然の一部である」という事実を無視した物語をつくったところにあると思えます。物語は、自然の操作である農耕から始まり、いつの間にか自然を無視した暮らし方を進歩と呼び、それに絶対の価値を置きました。そこで大事な役割をしたのが科学であり、科学技術です。

科学は魅力的な学問ですが、進歩観のもとで科学技術を進めることが良い選択とは思えず、科学に基礎を置きながら「べつの道」を探る「生命誌」という知を考えました。「『私たち生きもの』の中の私」という現実を基本に置いた物語を紡ぎ、時には自然界の生きものたちが紡いでいる物語を読むことで、自然の一員であることを意識しながら自然を解明し続けて行きたいのです。こうして生きものとしての「本来の道」を歩けば、破滅を避けることができるのではないか。やや大仰な言い方をするなら、文明の再構築の試みです。

農耕はどこで始まったか

農耕の始まりの場、つまり現在私たちの食生活を支える中心的作物が最初に栽培されたとされる地域は、南西アジア（コムギ、エンドウなど）、中国長江流域（アワ、キビ、コメなど）、中央アメリカ（トウモロコシなど）、アンデス（ジャガイモなど）、北アメリカ東部（ヒマワリ）の5ヶ所であることがわかってきました。この中で最古とされるのが紀元前8500年頃の南西アジア（メソポタミア）であり、コムギなどの栽培の他、ヤギの家畜化も行われていました。

興味深いのは、その後紀元前3500年までの間に主要作物にオオムギなどが加わりはしたものの、この5地域で栽培され始めた作物が今も食され、しかも私たちの摂取カロリーのほとんどがこれらに頼っているということです。つまり、植物の中で栽培に適したものは非常に少なく、農耕を始めなかった地域は、そこに暮らす人々にその気がなかったからではなく、栽培できる植物がなかったためと言えそうです。

こうして限られた人々が農耕を始めたのではなく、限られた植物が農耕を可能にしたのだと知ると、人間と自然の関係をこれまで人間の支配という目で見過ぎていたことに気づきます。狩猟採集時代には多種多様な植物や動物を食べていたことがわかっており、今私たちが知っている栄養という概念で見た時に理想的と言ってもよい食生活をしていたようなのです。この時の方が自然をよく知り、ある意味豊かな生活をしていたとも言えるわけです。狩猟採集から農耕への移行は、両者が混じり合いながら徐々に農耕文明へと移りました。ここでの課題は「多様性」の消失でしょう。多様性の重要さはさまざまな側面から明らかになっており、農業においてそれが重視されてこなかったことは、頭に止めておきたいことです。

実は「豊か」だった狩猟採集時代

最近の研究から、食物の多様性に限らず日常生活も狩猟採集時代の方が「豊か」だったという見方が出てきています。農耕生活の始まりの頃と比べてのことだけではなく、現在の私たちの暮らし方と比べてもそう言えるとする研究者もいます。「豊か」とは、皆が日常を快適に送るという意味です。

すでに指摘したように農耕民には栄養失調が見られます。しかも農耕生活では、その年の気候によって主要作物が不作になり、飢えに苦しむ場合が少なくなかったのに対し、狩猟採集の場合は、災害が起きたらその場所から移動すればよかったのです。労働時間も現存のアフリカでの狩猟採集民の場合、週に35～45時間という値が出されています。毎日の採集時間は3～6時間、狩りは3日に一度くらいしか行いません。そこで、皆で語り合う時間がたっぷりあるのです。

感染症の問題もあります。長い間私たちを苦しめてきた天然痘やはしかなどの感染症は、そのほとんどが家畜に由来するものであり、農耕社会になってから感染が拡大しました。当初の集落はゴミや排泄物などで不潔な状態でしたから、病気が広がりました。小さな集団で移動している狩猟採集社会では、病原体の感染は起こりにくかったので、これも決してよい方向へ向かったとは言えません。

このような比較から、研究者たちは狩猟採集生活を「豊か」と表現するようになり、以前のような野蛮人というイメージは、はっきり消えました。とはいえ子どもの死亡率は高く、大人になっても病気や怪我の治療は難しかったに違いありませんから、決してそこに戻ろうという暮らしでないことは明らかです。ただ自然の一員としてどう生きるかという問いを考える時に、思い出す必要がある時代であることは確かです。私たちとは無縁の遠い世界の話ではなく、自身の生き方に関わっていることを忘れてはなりません。

COVID-19騒ぎの前は、感染症の時代は終わった気持ちでいたように思います。がん、高血圧、認知症のような病気には関心があっても、感染症はインフルエンザに気をつける程度、大した問題ではないという受け止め方です。しかし今や、それは思い上がりだったと気づかされました。自然界にはこのようなことがよくありますので、現代社会の見直しをする時には、思い込みをなくし、事実に向き合う必要があります。農耕社会、ひいてはそれを発端として始まった文明社会を考えていく時に参照しなければならない狩猟採集生活の特徴は少なくありません。

農耕はどのように広がったか

農耕への移行が始まったとされる1万数千年前は、地球は最終氷期が終わり、温暖で穏やかな気候になり始めた頃にあたります。そこで採集の対象になる木の実などが豊富に生《な》った時は食糧として貯蔵したに違いありません。そうなれば、そこにしばらく止まって暮らすことになるのは、自然の成りゆきでしょう。家族や仲間たちとの暮らしをする場として落ち着いたところを求める気持ちは定住を求めます。食べものの入手の努力と共に排泄物やゴミの処理など快適な生活に必要な工夫を少しずつ進めながら、定住への道を歩いていったと考えられます。

ある時突然、農耕を始めることによって移動生活から定住生活へと移行したのではなく、少しずつ定住するようになり、植物のタネをまいて育てたりしていたと思われます。

その中で、先述した5つの地域には栽培しやすい植物があったために、本格的に定住する農耕社会への移行が見られました。この中で最も古い地域は、コムギの栽培とヤギの家畜化が行われた南西アジア、つまりメソポタミアの肥沃な三日月地帯であり、農耕の歴史はここを中心にすることになります。ここで始まった農耕文明が現代社会にまでつながっていることがわかっているからです。

この地域が他の農耕開始地域と違うのは、農耕がここからユーラシア大陸全体へと急速に広がったということです。この非常に興味深い事実を指摘したのはダイアモンドであり、著書『銃・病原菌・鉄』（草思社文庫）で詳細に説明していますので、一読をお勧めします。彼は、メソポタミアに始まった農耕が東西に広がるユーラシア大陸全体に急速に伝播したのは、緯度が同じ位置にあるので日照時間の変化や季節の移り変わり、さらには気温や降雨量の変化が似ており、分布植物の種類などを含めて生態系も似ていたからだと言います。広がりやすい要件が揃っています。一方、アメリカ大陸は南北に延びているので、各地に存在する動植物の種類が異なり、生態系が違うために農耕技術が伝わりにくかったのです。

横に広い場合に比べて縦に長い場合は地域の違いが目立つので、農耕が広がりにくいという指摘は、農耕技術が自然と深く結びついていることを示すものであり、説得力があります。メソポタミアから始まった農耕文明で起きた問題を検討し、課題を探していくと、文明を自然との関わりの中で考える必要性が見えてきます。

農耕が生んだ「拡大志向」

農耕への移行には、重労働、栄養の偏り、飢餓などの問題点が多く存在したのに、私たちの祖先が狩猟採集から農耕への道を歩み、逆戻りしなかった理由は人口の増加だと先にも触れました。肥沃地帯で小麦を栽培すれば、一定の土地から得られる食物の量は増えます。定住が本格化し、小さな子どもを連れての移動がありませんから、出産の頻度は高まります。狩猟採集社会では150人というダンバー数のレベルで組まれていた集団が、農耕になると人手が必要ですから1000人の規模になっていきます。生きものは続こうとするシステムとしてつくられていますので、どの生きものも環境が許す限り繁殖をします。ヒトもその例外ではなく、豊富な食べものが多産を支えたのです。

もっとも、密な状態で定住する社会は感染症が広がって亡くなる子どもが多く、大人は食べものを多く手に入れるための過酷な労働を強いられるわけですから、未来を考えられるサピエンスとしては、「この拡大はよいことなのだろうか」という問いを持ってもよさそうに思いますが、実際には拡大指向を止めるという発想は出てきませんでした。

生命システムは子孫をできるだけたくさん残すことが大事であり、大量の卵を産むもの、ていねいに子育てするものなど、さまざまな形で子孫を残しますが、自然界では、環境の制約や捕食などで一つの種だけが大繁栄することにはなりません。

狩猟採集時代、共同で子育てをするようになったのは、脳が大きくなったために未熟な状態で生まれ、成体になるまでの時間が長い人間が子孫を残すための選択でした。そこでは子ども、つまり赤ちゃんのお兄さんやお姉さんも子育てを手伝う大事な存在でした。ところで、農耕になると労働が厳しくなりますので、手伝いはより多く必要になり、人手としての子どもという存在が浮かび上がり、ここに拡大の芽が生じます。その後、穀物の大量貯蔵を求めるなど、拡大志向は人間の数だけでなくすべてのものに向かいます。こうして自然生態系の中での一種の生きものと位置づけるのは難しいところまで拡大をしたのが今の人間のありようです。これまではそれを繁栄としてきましたが、これが人類の滅亡への道かもしれないとしたら、子孫へのつながりを求めて始まった私たちの行為を考え直す必要がありそうです。

世界の食べものの問題を考える国連の世界食糧計画（ＷＦＰ）の２０２３年の報告は「世界的な食糧危機」を指摘します。紛争、気候危機、経済問題が重なって、世界で７億８３０0万人が飢餓に苦しんでいると言うのです。世界の１割近くの人が食べものを確保できない状態は危機と言えるでしょう。今のところ絶対量の不足ではなく、分配の問題が大きいとされますが、このままだと２０５０年には量の不足になると警告しています。分配や先進国での食品ロスなどの問題も含めて、農業から始まった文明が拡大だけを求めてきたがために起きている問題があります。

このような問題に直面すると、「なぜ農耕への道を止められなかったのか」という問いが生まれます。けれども、農耕そのものを止める必要はなかったでしょう。というより、狩猟採集社会の持つある種の魅力は認めるとしても、今もなお全人類が狩猟による生活を続けている社会を思い浮かべ、それをよしとする判断は、わたしにはありません。

食べものづくりは生活の基本です。農耕文明を否定するのではなく、それが「拡大志向」と不可分のものであるかと検討する必要があるのではないでしょうか。ハラリの『サピエンス全史』には、社会を変えるという発想が出なかったのは、社会を変えるのは小さな変化が積み重なってのことであり、実際に変化が顕在化するには何世代もかかるので、それに気づいた時にはかつての違う暮らしを思い出せる人がいなくなっているからだとあります。確かにこれまではそうだったかもしれません。

けれども20世紀後半から21世紀にかけて、私たちが生きてきた時代は科学を主とする学問の力で地球とそこで暮らす生きもの、そして生きものの一つである人間についての知識を急速に手にすることになったのです。しかもそれは、このまま進めば人類の未来は危ういかもしれないと警告しているのです。

地球は有限の場であり、そこでの生き方は、生態系の循環の中にあると知っている現代人が、なお拡大志向しかできないのは、生きものとしての感覚を失っているからとしか思えません。

農耕社会になったために始まった拡大志向の見直しが、なぜ起きないのでしょう。生命誌の「私たち生きもの」という感覚からは、拡大志向は本来の道ではないという答えが出てきます。

23
自然の見直しの始まり――有機農業

食べることは生きること

サピエンスとして農耕を始めるか否か。そこに選択の余地はありません。食べることは生きることとイコールと言ってよい行為です。もちろん、芸術も学問も、もしそれがなかったら私たちの生活はどれほど味気ないものになるでしょう。それらはいずれも私たち人間が自ら求めてつくり出したものであり、人間らしさの表れです。芸術や学問のない社会があるはずはありません。けれども、災害にあってすべてを失った時に、これからの暮らしのためにまず必要なのは、やはり水であり食べものでしょう。

わたしの体験は、太平洋戦争の時の集団疎開です。小学校3年生から6年生までの子どもたちが、空襲を避けるために親元を離れて集団疎開をし、その時の一番の関心事は食べることでした。おやつはさつまいもの小さな一切れという日が続くと、気持ちが少しずつ萎えていきます。何ぞこれしき、少国民なんだぞと頑張り、家にいた時食べたおやつを思い出してケーキやアイスクリームの絵を描いて元気づけ合いましたが、長くは続きません。カレーライスやカツ丼など普通の食事を子どもたちが楽しめる社会がよい社会だと考えるのは、この小さな体験から来ています。

先生はもちろん、周囲の大人が子どもたちを喜ばせようと苦労して下さったことはよくわかっており、その時点では大人を信用していました。戦争というものがどれほどバカげた行為であるか、それを指揮している人たちは子どもたちの日常などまったく考えてはいないのだということがわかったのは、戦後になってからのことです。身近な大人が良い人々だったために、思春期に入る頃に嫌な体験をせず、この年齢になるまで人を信頼する日常を送れたのはありがたいと思っています。

戦争は大嫌いですが、食と同時に人間への信頼が、生きることの基本であると知ったこの体験は大事にしています。だからこそ今、食を支える農耕を「『私たち生きもの』の中の私」という生命誌の世界観の中で最優先事項として考えたいのです。農耕に注目するもう一つの理由は、これだけ科学技術化し、メタバースという考え方もあるほど自然離れした現代であっても、農耕の基本は1万数千年前に始めた姿の延長上にあるということです。農耕のありようは、人間が生きものとして生きる姿の象徴であり、そこでは人間を信じ、人間を大切にする生き方が見えるはずです。生身の人間が人間らしく生きる社会の基本としての農耕を考えます。

農耕を支えるのは土

今年、生まれて初めて稲刈りを体験しました。株をしっかり握って力を入れると、さくっと音をたてて切れます。だんだんリズムが生まれ、身体がそれを楽しむようになり、気分がよくなります。しばらくしてちょっと疲れたと思いながら上体を起こすと、黄色い穂が延々と続いているのが見え、作業はいつ終わるとも知れません。みんなで頑張りましたが、結局仕上げはコンバインとなりました。全部手作業でやっていたら全員腰痛だったでしょうねと話し合いながら、機械のみごとさにただ感心するばかりでした。農薬や除草剤をなるべく使わないおコメづくりをめざしての活動ですので、現場の方たちの日常の苦労がわかった体験でした。1万年前の農耕でも、同じ思いだったでしょう。しかも、疲れてもコンバインはありません。新しい農耕は、道具や機械を上手に使いこなすことも大事と実感しました。

このような体験をしながら、21世紀を生きる私たちが持っている自然に関する科学的な知を生かした農耕を始めるとしたら、まず何に注目したらよいか調べるうちに、近年、「注目すべきは土」という動きが盛んになっていることが見えてきました。1万年近く前に農耕を始めた時にも、重要だったのはもちろん土だったはずですが、人々はとくにそれを意識することはなかったでしょう。目の前にある土に生えている植物を見て、美味しく食べられそうなものを探し、さらには栽培しやすいもの、貯蔵しやすいものなどを選んでいったのであり、関心は植物に向いて当然です。

こうして農耕を続けるうちに、根を支える力や養分を供給する場としての土の役割に気づき、施肥が始まりました。自然の森林などですと、落ち葉が土に戻るなどして土の養分は保たれますが、農地は作物を取りますから養分を加える必要があるわけです。合理化の中でそれは化学肥料になり、農薬も開発されました。農業の近代化です。経緯の詳細は省きますが、科学技術化の中で、農業を一産業として捉え、生産性向上、効率化などを重視したあまり、そこにある生きもの性が軽んじられた歴史になっていきました。そこでは、土の力という意識はなく、技術の力ですべてをコントロールし、生産性をあげることができると考えるようになりました。

人間の活動が地球生態系の持つ循環能力を超え、生態系の破壊だけでなく大気中の二酸化炭素濃度の上昇というところまで来てしまった今、石炭、石油を大量に用いての大量生産、大量消費、大量廃棄という産業のありようの見直しの必要性は明らかです。見直しの中心となるのは第二次産業ですが、農業を含む第一次産業も社会の価値観に引っ張られて工業化しており、見直さなければなりません。

農耕は本来「自然が循環で支えられていることを理解し、循環の中にある自然の力を思い切り生かして、生きものである私たちが心身共に健康に生きることを支える食べものをつくる作業」です。

ここで重要なのは「自然」です。サピエンス史としての農耕の始まりが地域によって異なり、その広がりにも地域性が見られたことでわかるように、自然は地域によって異なります。従って、食べものづくりという共通性があると同時に、地域性があり、それに伴う多様性があることを忘れてはなりません。私たちは地球に暮らす生きものの仲間なのですから常に地球を意識することはもちろんですが、それは近年用いられる均一なグローバリズムではなく、できるだけ地域を生かすのが本来の姿です。地球に生きる仲間として食べる楽しみを共有するグローブ（地球）意識です。生物学による生態系についての研究も急速に進んでいます。

農耕は生態系の一員として水、土、植物、動物についての科学的知識を充分に生かす活動です。

工業に引きずられて一律化の方向に動いてきた現代の農耕は、本来の農耕ではありません。アフリカで生まれた霊長類の中で人類だけが地球全体に広まったのですから、その土地を生かした生活を築くことこそ人類らしさであるというところからも一律化はノーという答えが導き出されます。

有機農業から生きものとしての農業へ

現在行われている農業を見直そうとすると、すぐに思い浮かぶのが農薬や化学肥料の低減であり、「有機農業」に目が向きます。有機農業の実践者、団体、地域は多数あり、それぞれ独自に活動しているように見えますが、基本として国際有機農業運動連盟が２００８年に定めた定義があります。

「有機農業は、土壌、生態系、人々の健康を維持する生産システムです。生態学的プロセス、生物多様性および地域の条件に適応した循環に依存し、これに悪影響を及ぼす投入物は使用しません。有機農業は伝統、革新、科学を組み合わせて人間にも環境にも利益をもたらし、関与する生物と人間の公正な関係を築き、生活の質を高めます」

文の最初に土壌が出てきます。さすが農業の本質を求めて活動する専門家、土の重要性を意識していることがわかります。次いで重視されるのは生態系であり、人間の健康。当然そこでは循環による持続が求められます。拡大を求めた現代の農業は生産性のみに目を向けているために持続が危うくなっていますので、それを変えようということです。ここで大事なのは伝統と科学を結びつけて、人間と他の生きものたちの生活の質を共に高めるというところです。伝統回帰では現存の人々に充分な食を確保することは不可能です。非常に大事な活動であり、生命誌が求めている農耕と重なる魅力的な活動です。

けれども実際には、有機野菜は特別な人が求める高価なものというイメージがあり、農業という産業をこれで成り立たせるのは難しいとされてきました。有機農業の実践者を特殊な存在にしてきたのがこれまでの社会です。農業は本来有機であるはずなのに、自然の理解が充分でないままに目の前の効率を求める現代社会に組み込まれてしまい、本来に近い活動を特別視することになったのです。けれども異常気象と生物多様性の喪失の中で、工業化し、一律化して、生物が主体であることを忘れた近代農業への疑問は大きくなってきました。有機農業こそこの問題を解決するという意識が少しずつ高まり、世界各地でその方向が出てきたのは当然です。ＥＵは２０３０年までに有機農業の面積率を25％にしようとしています。

日本も、農林水産省が２０２１年５月に「みどりの食料システム戦略」を出し、そこには２０５０年までに農林水産業のCO_2ゼロエミッションをめざし、耕地面積に占める有機農業の割合を25％にするとあります。２０２２年の４月には、これが法制化され、食品産業や生活者も含み、皆で有機農業に転換する努力をしていく道が描き出されました。具体策が明示されているわけではありませんが、これまでの農業を見直さなければならない時期にあるという意識が出てきたことは確かです。ここで、変更せざるを得なくなったので仕方ないとマイナス思考をするよりは、生きものである人間としての農耕の本来の姿を実現する挑戦と受け止めるのが正論でしょう。

農水省が有機農業を推進するということになってきたのだから、これで大丈夫と安心するわけにはいきません。ここでは人間が生きものであるという生命誌として考えてきたこと、具体的には有機農業の定義にあった「生物と人間の公正な関係を築き、生活の質を高めます」というところには目が向いていないからです。問題は世界観です。生態系に悪影響を及ぼす投入物は使わないという方針で現在の農業からの転換はできたとしても、人間が生きものであるという認識から生まれる本来の価値観にならなければ、本質は変わりません。有機農業としてこれまで行われてきて、今も続いている活動には学ぶことが多く、大事にしていかなければなりません。けれども、国や国際組織などが環境の悪化に対応するために有機農業が必要と唱える場合、本来の農耕のありようを求めるかに見えながら、拡大志向や一律化などの価値観を変えることなしにかけ声をかける場合があり、それには気をつけなければなりません。生命誌的世界観を持つ社会への転換ということを明確に示すために、あえて「生きものとしての農業」という言葉を使おうと思います。具体的には有機農業の活動と重なるところ大ですが、これまで行われてきた農業の見直しとしての有機農業ではなく、農耕そのものとして本当に大事なことは何かと考えるところから始めるという気持ちを込めての「生きものとしての農業」です。

24 食べものも住居も土から

土を知るところから始めよう

農耕は定住を不可欠なものとし、そこには自ずと住居が集まり、お互いに助け合う小型の集落ができました。つまり農耕文明の始まりは食べものづくり（現在の農業）、暮らしの場づくり（現在の言葉にするなら村づくり、街づくりであり、土木・建設）の始まりであり、「自然に手を加える」ことの始まりです。

「生きものとしての農業」としては、農耕を、土に注目して考えていくのですが、実は暮らしの場づくりはすべて土から始まります。農耕の場合と同じく、現代社会の中での土木・建設という作業が自然破壊につながっていることに疑問を抱いた人々が、もう一度土を見ようという活動を始めていることを最近知りました。「生きものとしての農業」と同じように

「生きものとしての土木」と呼べる活動であり、とても興味深い動きですので後で少し触れます。生活の基本に土があることを示す動きです。

有機農業への関心が高まる中で、世界の流れとして、土への関心が近年大きく浮かび上がっているのは本質に迫っている気がします。土はこれまで目立たない存在でした。土そのものの理解が必要と気づき、その複雑さがわかってきたのは最近のことなのです。そして今、土壌革命という言葉が生まれるほどに土の重要性が注目されています。その理由には、土にあまり目を向けず、農作物の生産性を上げることだけに注目して農耕を行ってきたために土の質が落ちてきた危険性に気づいたことと、複雑な土の実態の研究が進んだこととの両面があります。私たちは今、農耕を考えるなら土から始めなければならないという知見を得たのです。生きものも土も複雑な自然であり、科学もやっとこれに注目するところまできたというのが実情です。

そこで、狩猟採集から農耕への移行を「土を知るところから始めよう」というのが、生命誌の提案です。1万年前の人がそこに気づかずに農耕を始めたのは仕方のないことですが、今なら「土」から始められるはずです。

ここでまず土とは何かを確認します。土は、一人の人間としては子どもの頃から、人類としては古代から接してきたものなので、土ってなあにと考えることはほとんどありません。しかし、今や土を知ることが大事なので基本をまとめましょう。

土とは何か

原始の地球は岩石（地殻）と水（海）とでできており、土壌はありませんでした。意外に気づいていない人の多い事実です。地表地殻の岩石は少しずつ破砕されていきます。これを「風化」と言い、地表の温度変化に伴う膨張・収縮や、雨・氷雪に長期間さらされて起きる「物理的風化」と、化学反応によって岩石の成分が水に溶けたり分解したりして起きる「化学的風化」があります。いずれにしても地表に小さな石ができ、さらには砂になっていきます。これだけでは土にはなりません。

地球に、ある時生きものが生まれます。40億年ほど前の海には、現存の生きものの祖先となる細胞が存在したことは確かですので、ここを出発点にします。海中での進化によって多様な生きものが誕生し、5億年ほど前になってやっと上陸が始まります。なぜ地球に生きものが存在するのかと考えると、そこに水があったからという答えになるでしょう。日常私たちは、水は必要なものと思って過ごしていますが、水の意味はそれ以上であり、水があってこそ生きものがいるという関係なのです。

ですから、生命誕生から35億年近くの時間、生きものたちが海で暮らしていたのは当然です。しかし、どうも生きものには冒険心があるらしく（浅瀬が混雑し始めて追いやられたという考えもあります）、上陸大作戦が始まります。詳細は7章で触れましたが、まず植物、次いで昆虫たち、さらに動物が上陸し、それと共に土がつくられていくのです。植物の枝や葉が落ち、それをミミズやシロアリなどの動物がさまざまな微生物と共に分解して土ができていくという作業は今も続いており、その土が植物の生育を支え、多様で複雑な陸上生態系ができ上がっているのです。大さじ一杯の土には1万種類、100億個の微生物がいると言われます。土は生きものなしには存在しませんし、生きものは土に支えられて存在しているという関係に注目すると、土の力の活用こそ陸地での生活の基本と考えられます。

土の役割を改めて確認します。

(1)陸上の生産者である植物を支え、育てます。農耕は植物を栽培し、家畜を飼育する行為であり、土の力に支えられています。

(2)土の粒子の間隙には水と空気が貯えられ、それが植物の根から吸収されます。土中の水は地球上の水循環の重要な経路です。近年、「森は海の恋人」という言葉に代表されるように、この水循環への関心は高まっています。

(3)土中にいる無数の微生物や小動物が、生物の遺骸や排泄物、さらには生ゴミも分解して植物の栄養として使われるのですが、生きもののはたらきを土の中の空気が助けます。

植物たちを支え、水や養分を送り込むという誰もが知っている土の役割ですが、ここに書いたことから土の様子をまとめると、左記のようになります。

- 土壌
  - 固相
    - 無機物（砂、シルト、粘土）
    - 有機物（腐植、動植物遺体）
  - 液相
    - 水
  - 気相
    - 空気（窒素、酸素、二酸化炭素、亜酸化窒素）

土と聞くと固相の無機物を思い浮かべますが、農耕にとっての土として重要なのは、有機物、水、空気です。生きものを支えるのは水と空気と有機物であることは誰もが知っています。これらを上手に生かせるように土の状態を整えることが基本の基本です。

落ち葉、動物の死骸、ふんなどにある有機物を土中の微生物が分解し植物に吸収される形にします。具体的な元素として窒素、リン、カリウムが最も重要です。その他もちろん炭素、水素、酸素が必要ですし、鉄、硫黄、マグネシウム、カルシウムも不可欠です。

これらの含まれ方は地域によって違います。土の多様性は、色にも現れます。黒、茶、灰、赤、白など……日本列島は黒や茶の、先にあげた成分を比較的豊かに含む土に恵まれており、幸せです。もっとも酸性という問題点はありますが。

土の中でのはたらきは直接目には見えませんので、目に見える作物や家畜をいかに思い通りのものにしていくかということがよりよい農耕を求めての行動になりました。農耕が生産性を高めるために、化学薬品を活用して自然を思うがままに動かそうとしたのはそのためです。これは正解ではなく、土に戻ることが不可欠ということにやっと気づいたのが今なのです。この方向で進めば、拡大志向の中で一律な大量生産を求める農業ではなく、地域性を重視する姿ができてくるだろうと期待します。

土は農耕だけでなく、生活全体に結びついていることはすでに述べました。狩猟採集から農耕への転換は定住を求め、住居が必要になりました。まず穴を掘るところから始まる土とのつき合いです。住居も土、現在も土木という言葉を使うように、日本の住居は長い間、木と土、それに紙を加えてつくってきました。日常の道具も石器から土器へと移ります。農耕に必要なのは生きものがつくる腐植土の方ですが、家や土器に用いる粘土は鉱物です。腐植土から養分をもらって育った作物たちの実りを調理して粘土でつくった土器（今は陶器や磁器）に載せ、みんなで美味しくいただくのが人間の日常であり、共食を楽しみます。作物を育ててくれた土を含め、自然に対する感謝を込めて器に盛った食べものをカミさまに供えることもあります。自然の霊たちとの共食であり、生活の中の大事な行事になってきました。こうして木と共に土は、私たちの生活を支える基本なのです。

今、住居や街づくりの土木も土から離れてコンクリートの世界になっていますが、これも土と木を意識した「生きものとしての土木」になる必要があることは先に触れました。コンピュータに不可欠な半導体を構成するシリコンは砂が原料と言われ、どこまで行っても土だなと思います。

25 土からの農業が始まっている

「土を生かす」ということ

農耕を始めた時には、コムギやトウモロコシなどの植物の中から味の良いもの、収穫量の多いものなどを選ぶことに力を注いだでしょう。現在はその裏に遺伝子の変化があることがわかっており、人工的なかけ合わせ、さらには遺伝子操作によって、新しい品種をつくっています。

施肥をするようになり、科学の進歩に伴って植物の要求がわかってくると、窒素、リン、カリを肥料として与える形で収量を上げ、農耕は進歩してきました。科学技術によってよりよい生活を生み出すという現代社会の原則で進めてきた農耕は、農業という産業として拡大・進歩・効率を求める道を歩みました。しかし農業は、近代産業としては工業に劣るので、工業生産で得たお金で食べものを他国から買うのが先進国という考え方まで現れました。

とはいえ、農業が消えることはあり得ず、なんだか中途半端な位置づけになっています。農業をこのような状態にしておくのは間違いでしょう。そもそもどんな状況下でも食べものはなくてはならないものなのであり、自分でつくるのが本来のありようです。経済的な面だけからの評価で農業を行ったり、行わなかったりするものではありません。経済性や効率のみで動いてきた農業は、科学技術化で闘おうとし、それが工業と同じような自然破壊につながることになったのです。何度も述べているように、この方向は見直すしかありません。

土はなかなか複雑で、本質が見えにくいものです。やっと、科学を生かしてその本質を見ることができるようになってきたと言ってよいでしょう。

有機農業という形で日本でも多くの方が工夫を重ね、努力してこられた農業は、まさに土を生かすものであり、すばらしい事例がたくさんあります。その実績が、これからの農業につながっていくに違いありません。日本は土に恵まれている国です。以前、ナイジェリアに本部のある「国際熱帯農業研究所」のお手伝いをしていた時、そこでの農業に接しながらいつも思っていたのは「ここに日本の土を持ってこられたら、こんなに苦労しなくて済むのに」ということでした。鉄分を含んだラテライトと呼ばれる赤くて硬い土を見て、日本で見慣れたふかふかの黒い土のありがたさを改めて思ったのです。日本にある自然と人を合わせた力を生かし、土に注目する農耕を進めて、本来の道を歩く文明づくりを先導する役割を担いたいものです。

不耕起栽培に取り組んだ米国人

土を生かす農業については最近多くの試みがなされており、本もたくさん書かれていますが、ここでは興味深い例として『土を育てる』（NHK出版）を取り上げます。著者であるゲイブ・ブラウンは、環境再生型（regenerative）農業として世界が注目している農業を具体化した人です。町で育ったブラウンは、米国のノースダコタ州にある、義父母から譲られた農地で農業を始めることになります。数年後、友人から土の力を生かす不耕起栽培を勧められた時、それを理にかなっていると受け止めるのです。農家出身でないために先入観を持っていなかったのがよかったと書いています。最初の4年間は壊滅的（著者の言です）だったけれど、神を信じて過ごしたとのことです。しかし結局、地球上にあるすべての命は土あってこそのものであるとわかって、土を育てる道を選び、今ではそれを広める役割をしています。体験から得た健康な土を保つ5原則は、次の通りです。

1　土をかき乱さない
土にある団粒構造（水はけがよく保水性に富む微小な塊状）や孔隙（水が浸み込む隙間）など、土本来の構造を壊すと、土壌流出が起きる。

2　土を覆う（カバークロップ）
植物で覆うこと。これがないと、水や風で土が流され飛ばされる。覆いがあれば土の温度変化が和らぐ。これが植物にとってベストな生育環境をつくる。

3　多様性を高める
自然は多様なものだ。農業では寒さと暑さそれぞれに強いイネ科作物と広葉作物、つまり4種の作物をつくるとよい。植物の多様性は7～8種類になると相乗効果が生まれ、健康状態、機能、収量が向上する。

4　土の中に「生きた根」を保つ
いつも植物があるようにすることで土に炭素を送り込むこと。もう一つの目的は菌根菌を増やすこと。

5　動物を組み込む

ウシやブタやニワトリなどが草を食べている状態をつくることで、土の炭素量が増え収益性が向上した。

落ち込むしかない4年間を経てわかってきたのは、この5項目が満たされていると、水・炭素・ミネラルの循環、エネルギーの流れ、生態系における生物の複合的な関係が自ずと良好になることでした。数値を計測して管理するのではなく、すべてがまさに自然に動いていくようにするわけです。

「脱炭素」という言葉があらゆる場面に登場する昨今ですが、ここでは「土に炭素を送り込むこと」が最良のこととして語られています。土の中に有用な炭素が充分にあればそこから豊かな作物が生まれ、それを食べた私たちが健康に暮らせるのです。炭素は私たちにとってそのように重要な存在として語られるはずのものなのです。「脱炭素」は機械論で動く技術の中にどっぷり浸かっている人から出てくる言葉であり、「『私たち生きもの』の中の私」として文明を構築するにあたって使いたくない言葉だと言ってきましたが、ここでもそれが再確認されました。

アメリカの広大な農場を30年かけて「工業型農業」から「自然に近い農業」へと変身させ

た体験を書いた著者は、この原則はどこにもあてはまるが、あなたはあなたで考えて欲しいと言っています。これが重要です。ここにこれからの道が示されているのは確かであり、事実、この流れは世界各地で生まれています。けれどもここで重要なのは、一人ひとりが「私」として考えることです。土は共通の性質と地域による特徴とがあるからです。同じであり違うという生きものの性質を反映しています。これからの社会は、このような形になっていくことでしょう。まさに自然に近い農業はその具体的な姿であり、典型例です。

自然を生かす農業に取り組む先人たち

ブラウンは、不耕起型農業を進めるにあたって、日本の農哲学者、福岡正信の『自然農法わら一本の革命』（春秋社）を大きな支えとしてきたと言っています。福岡正信の４大原則は、不耕起、無肥料、無農薬、無除草です。無除草というと乱暴に聞こえますが、土を裸にしないことの重要性は、再生型農業の基本でもあります。カバークロップと呼ばれ、光合成によって炭素を土に送り込む役目をします。収穫後の畑のカバークロップは水分浸透の改変や養分循環、さらには家畜の飼料などさまざまな目的に応えるもので、目的によって植える種類を選ぶことになります。それを除草しないという形で実践しているのが無言の強い主張に見えます。わたしが子どもの頃よく目にしたレンゲ畑はまさにこれであり、土の中にすき込んで窒素を取り込ませていたのだと大人になってから知りました。いつどんな植物を植えるかは土の構造、畑の目的などに合わせて考える、総合的対処です。ブラウンと基本は同じですし、日本ではこの流れで、自分で考えながら自然を生かす農業をしている方たちが少なからずいらっしゃいます（お名前はあげませんが）。

ただ、ブラウンが科学の方を向き、その成果を取り入れる態度を明確にしているのに対し、日本では、自然農法はストイックなイメージで受け止められ、広がりが難しい状況になっているような気がします。誰にでもできるという位置づけが重要です。農民作家、山下惣一さんの考えをまとめた『振り返れば未来──農民作家山下惣一聞き書き』（不知火書房）には、「農業は総合理性」だという立場からの日本での農業の実態と、土を生かした自然農法の重要性が指摘されています。これからの日本の農業を科学を基盤に置きながら自然を生かすという流れにして行こうという大事な指摘です。

山下さんの考え方を象徴する言葉が「百姓」です。差別用語のように言われていますが、本来、貴族以外の普通の人を指していたものであり、むしろ農家として分離したり、さらに専業だ兼業だと分けるのでなく、生活する者として百姓という言葉を使っているのです。分離せずに私たちとして考えていくというところは、生命誌と重なります。

日本でも金子信博教授（福島大学食農学類）が長い間のミミズの研究を基に、不耕起を提案していらっしゃいます。『ミミズの農業改革』（みすず書房）の帯には「耕さず、ミミズに委ねよう。ミミズは落ち葉と土を食べて団子にし、栄養を閉じ込め、水路も作る。土を構造化し続ける生態系改変者に、これからの農業を学ぶ」とあります。短い文に不耕起の本質が詰め込まれています。

ていねいに耕すことこそ農耕の原点と、わたしのような素人でも思っている日本の農業のこれまでを考えると、耕さないという選択をするのは難しい状況です。けれども一番基本的な「耕さないと土が固くなるのでは？」という問いには「耕さない方が土の隙間は増加し、保水性と排水性という対立する土壌の機能を両立する土壌構造となる」という答えが書かれています。一番気になるのは雑草です。それにはブラウンの提案にもあるカバークロップの利用が勧められています。それぞれの土地、栽培する作物によって最適な方法が体験から得られていく様子の紹介もあります。

世界の流れを見て、日本ではこの動きをどう受け止めていけばよいのだろうと思い悩んでいましたが、この提案はその疑問への答えにつながります。

26

ミミズに注目

ダーウィンの最後の本

農耕という言葉が示すように、農と言えば耕す姿を思い浮かべるのがあたりまえだというのに、土を生かすとは耕さないことだという話に最初は驚きました。けれども、近年土の質が落ちているのは、化学肥料や農薬など化学物質の影響だけでなく耕作に問題があるという指摘がさまざまなところでなされているのです。その理由はある意味簡単でミミズがいなくなってしまうからです。ミミズに象徴される土壌中の生きものたちの世界が乱されるということです。

わたしの大好きな本にダーウィンの『ミミズと土』があります。生命誌は進化する生きものたちの歴史物語の中での人間を考えるので、進化について深く考えたダーウィンからは多くを学んでいます。そのダーウィンが最後に書いたのが『ミミズと土』。何でミミズなのと問いたくなりますが、実はダーウィンは若い頃からミミズに関心を持ち、観察を続けてきたのです。ミミズへの愛が溢れる好著ですが、ここでの注目はミミズの土づくりです。いろいろなデータがありますが、その中から一つだけ。1842年12月20日、ダーウィンが33歳の時に牧草地の一画に石灰をまき、そのままにしておきました。1871年11月末、62歳の時にその土地を掘ってみると表面には柔らかい土があり18センチ下に白い石灰がありました。ミミズが土をつくったのです。1年に0・6センチ。とても気の長い実験ですが、ミミズが土をつくる様子が明確に見えました。

DNA解析が明らかにする土の中の生態系

棲《す》んでいるミミズの種類やここにあげた数字はそれぞれの土地で異なるでしょうが、ミミズが土づくりに大きな役割をしていることはどこでも同じです。土の中にはミミズだけでなく、さまざまな土壌動物や微生物が暮らし、生態系をつくっています。微生物にはバクテリアや糸状菌や原生動物などがありますが、これらは培養ができないために、どんなものがいるかがわかっていませんでした。近年DNA解析で培養しなくても性質を知ることができるようになり急速に研究が進んでいます。動物としてはセンチュウ、トビムシ、ダニなどの小さなものから、日常気をつければ目に入るヤスデ、ムカデ、ダンゴムシ、アリ、シロアリなど、さらに大きなモグラとさまざまです。もちろんこれはほんの一部、土壌生態系は複雑です。ただ、地上の植物が光合成でつくった有機物（炭素化合物）の90％が土の中に入って分解されると知ってびっくりしました。残りの10％の一部を農産物として私たちが食べていると思うと、土の世界はなんと豊かな場所なのでしょう。

重要なのは「団粒構造」です。細かな粒子がびっしり詰まっている単粒構造に対して、水や空気の通り道になると同時に微生物のすみかにもなる間隙がある状態です。この団粒構造を持つのがミミズのふんなのです。これによってふかふかの土が生まれます。

豊かな土の世界を象徴するのがミミズであり、耕すことでミミズがいなくなるということは本来の土を壊し、そこから得られる養分を無駄にしていることがわかります。

27 アグロエコロジーの潮流

途上国、先進国に共通の潮流

自然に目を向けた流れはさまざまな形で提案されていますが、その一つにアグロエコロジーがあります。生態系全体を意識し、土や水を生かすという考え方で、具体的には有機栽培を行うという取り組みであり、ブラジルをはじめ、いわゆる途上国での実践が進んでいるのが興味深いところです。

一方、フランスが２０１４年に制定した農業基本法には、アグロエコロジーが経済と環境を両立させる地産地消型小規模農業として位置づけられているなど、ヨーロッパにも広がりつつあります。

アグロエコロジーは文字通り生態系を意識し、環境と食べものづくりを共に良いものにしていこうというものです。それには多様性、循環、回復力、参加型経済、知識の共有、自然との調和、高いエネルギー資源効率、人と社会の尊重、文化と伝統の尊敬、責任ある統治など、農業にかかわらず今、生きものである人間がいかに生きるかを示す言葉が並んでいます。農業をこのような形で始めることが、21世紀の生き方につながるということでしょう。

アグロエコロジーの推進者は、土壌微生物による炭素固定が行われて温暖化ガスの放出が抑制されるなどの効果を持つだけでなく、生産性が近代農業に劣ることはないという数字を出しています。ここでも土が重視されています。この動きが米国、ヨーロッパなどの先進世界と南米、アフリカなどの途上国と呼ばれる国の両方で広がりつつあるところに、未来が見える気がします。

アフリカ南東部のマラウイでは、空中窒素を固定できるマメ科作物であるキマメとラッカセイを植えて土中の窒素量を増やし、そこで作物をつくるようにしたところ、自分たちの食べる分はもちろん市場に出すこともできるようになりました。トウモロコシとそれに巻きつくインゲンマメ、根元にカボチャという組み合わせは「スリーシスターズ」と呼ばれる人気作物なのだそうです。トウモロコシは主食、マメは窒素固定、カボチャは大きな葉で日光を遮って雑草を抑え、花は益虫を引き受ける役をします。多様性を生かし生態系を豊かにしています。

ナイジェリアの国際熱帯農業研究所で、アグロフォレストリーという活動をしたことを思い出します。畝《うね》にトウモロコシとアカシアを交互に植えました。アカシアはマメ科ですから窒素を供給しますし、かまどの燃料にもなります。

近代化に合わせて進歩や自然の支配に象徴される価値観を持ち、世界各地で一律化の方向に向かい、工業化してきた農業に対して、土に根ざした本来の農業を求める動きが、さまざまな形で出ていることは明らかです。一人ひとりが自律した人間として生きる方向です。けれども、現在の農業のあり方の根本的な見直しという農業全体の動きにはなってはいません。日本政府は、「みどりの食料システム戦略」を立てました。そこには「生産力向上と持続性の両立をイノベーションで実現」とあります。イノベーションは、この国では魔法の言葉のようです。持続性という言葉はあり、化学肥料や農薬を減らすことで有機農業をめざすとはありますが、ここには、不耕起栽培やアグロエコロジーに見られる土への注目はありません。世界の流れを見ると、日本政府も、拡大・成長型の思考を止める時であり、必要なのは、現代社会を支える世界観の転換です。「機械論的世界観」で動いている中で新しい農業のあり方を提案しても、良い方向にはなりません。

「『私たち生きもの』の中の私」、つまり「生命誌的世界観」を持つことが求められています。行わなければならないのは農業の転換ではなく、農耕社会から始まったサピエンスとしての歴史の見直しです。1万年前に農耕を始めた時の日常感覚は「『私たち生きもの』の中の私」でありアニミズム感もあったでしょう。けれども、進歩と支配という価値観の中で国家権力が生まれ、科学革命、産業革命の中でそれは消されてしまいました。

21世紀になって、科学に基づいて生まれた知が、新しく「『私たち生きもの』の中の私」を浮かび上がらせました。そこで行われる農耕は、自ずと土の力を生かすものになるはずです。土についてよく知り、そこで育てる動植物についての研究を進め、つくる人、食べる人共に豊かさを感じられる暮らしを生み出すと共に、動植物たちも生きものとして生き生きと存在する姿を見せている状態を思い描きます。「生きものとしての農耕」です。

アグロエコロジーを「水や土や生態系全体の一部としての農業の営み」と位置づける著書『人新世の開発原論・農学原論——内発的発展とアグロエコロジー』（農林統計出版）の中で、農業・資源経済学の西川芳昭龍谷大教授が生命誌に言及しています。すでに紹介した内発的発展論と近代科学を結ぶものとして生命誌を取り上げ、これを農学原論の基本に置き、山下さんや同じく自然農法を進める宇根豊さんが語る百姓の持つ天地有情の世界観を共有できる時、近代化農業とは異なる新しい農業、実は本来の農業となるという考え方を示しています。農業経済の専門家が同じ考え方を出して下さっていることを、心強く思います。

エネルギー問題を我が事として考える

土に注目する農業と並行して考えなければならないのはエネルギーです。

エネルギーも、この流れの中で考えるなら、地産地消が原則です。二酸化炭素の排出抑制は喫緊の課題であり、それは続けなければなりませんが、大型の原子力発電所は、福島での事故を体験した今、そのままの形での運転は考えられません。事故から13年経過した今も、まだ明確な対応策が出されておらず、事故の実態が明らかになればなるほど、予測不能の事態が起きることを考えないわけにはいかないからです。廃棄物の問題も含めて、核分裂によるエネルギーの活用は、「生きものとしての技術」として可能なのかということを基本から考えて、納得のいく答えを探す必要があります。科学技術としての徹底議論をせずにいることは許されないでしょう。廃棄物処理ができない限り、原子力の利用には疑問符がつきます。利用者が管理できる小型原子炉が開発されていますので、利用するなら小型と思ったりしますが……生きものとしては使わずに行く方向を探るのが筋でしょう。

太陽・風・水・植物など自然界のエネルギーの活用に目を向けるのは当然ですが、ここでも拡大志向を止める「生きものとしての」という判断が前提です。太陽エネルギーの活用で、忘れてはならないのは遍在性です。気候によって日射は変化しますから、地域ごとにそれに合わせた具体的な活用度は異なりますが、日本列島では、太陽熱温水器の全国での活用が出発点になるでしょう。太陽というとソーラー発電、しかもメガソーラー発電となりますが、そこで生まれた電気は電力会社を通して家庭に届けられます。メガソーラーでなく小さく活用するのが太陽エネルギーの使い方でしょう。大型の風力発電によって山が破壊されるのを恐れて、山を買い取った友人がいます。

わたしの子ども時代には、夏に庭にたらいを置いておき、温まったお湯で行水を楽しむという風景が見られました。遊び感覚ですが、良質の温水器利用を体系化すれば、それなりの効果が出るはずです。小さな力ではあっても一人ひとりが自分事として参加し責任を持つことが、「生きものとしての」技術の基本です。本書の最初に書いた「他人事はどこにもない」という社会です。

冬の朝に起きて着換えをする時寒くないように、寝室を空調で暖めておくのが今の暮らし方でしょうが、わたしは小さな電気ヒーターの前で着換えます。ベッドメイキングまで含めて10分足らず。以後この部屋は夜まで使いませんから、暖かい必要はないのです。大事なのはわたしが寒くないことであって、部屋全体が暖かいことではないと考えて行動すると、セーターを一枚着ることが答えになる場合もあります。震えながら暮らす必要はありませんが、部屋中、時には建物中の空気を暖めることが快適に暮らすことであると思い込むと、「生きものとしての」暮らしにはなりません。

エネルギー問題を考えるところで、みみっちいと言われそうな話になってしまいましたが、エネルギーミックスなど、大きな話はたくさん出されていても、「あなたはどのように暮らしますか」という問いなしにそれを語っても意味がないと思うのです。

農耕社会の始まりは、このようなエネルギーの使い方と連動して暮らしを考える必要があります。

子どもたちの変化

昭和の頃に大工さんが建てた、近隣の森の樹からつくった柱と土の壁の家を再生している建築事務所の方が、そのような家に暮らす若者が、どこかなつかしいと言い、家の中で風を感じることを楽しむようになると話してくれました。ゲノムの中に、何かがあるのでしょうかと問われてもハイとは答えられませんが、「生きものとしての私」は五感、いや六感で自然を感じ取れることは確かであり、それが暮らしの中でどのように現れるかは、環境によるでしょう。

生きものという切り口で考えることの大切さを思うと、いつも頭に浮かぶのが子どもたちです。東京と京都の間の新幹線往復を26年間、毎週続けてきた中での小さな体験はたくさんありますが、その一つに子どもたちの変化があります。以前は電車の中を走りまわったり、お母さんに大きな声で話しかけたりするので、夏休みなど、今日は子どもがたくさん乗っているとわかったものでした。ところが最近、静かなのです。小さな子もスマホやタブレットを見ていることが多く、ほとんどそこから目を離さない様子に驚きます。富士山が見えているからちょっと目を上げるといいのにと、気になる時もよくありました。

それでも、子どもたちに生きものが長い時間をかけて進化してきた話をすると、目を輝かせて聞いてくれて、その中からハチやアリなど自分が実際に見たことのある生きものについて楽しそうに話してくれます。この感覚は誰もが持っているものであり、生きものと接する機会さえあれば育つものです。道端のダンゴムシ、駐車場の隅で小さな花をつけているカタバミなどでよいのです。子どもたちを土から離さないことは、大げさでなく人類のこれからにとって大事です。生命誌を通して、世代が違っても同じものを見ているという確信が持てるのは、ありがたいことです。

検討しなければならない問題はまだまだありますが、現代文明、とくに現在の新自由主義、金融資本主義、科学技術振興で進歩・拡大・支配を進めていく姿の先に未来は見えません。ここで、そのオルタナティブを探るのではない未来を描き、現実にしていく必要があります。オルタナティブ、すなわち「もう一つの道」ではないのです。レイチェル・カーソンは、いみじくも「べつの道」という言葉を使いました。それは原点に戻って、「生きものである人間」として考える道なので、わたしは「本来」としました。

農耕をはじめとして、生活のすべてを考えなければなりません。それを一つひとつ進める作業は、現実に起きている変化の中に芽を見出していくことです。

28

現代社会の課題解決を求めて——土に注目する環境再生型農業

一律化に抗して——再生への道

ＳＤＧｓも二酸化炭素排出抑制も、拡大・進歩を見直す姿勢をとり、農業を原点から考え直すというテーマに結びついて欲しいのです。近年、自然活動家や学者だけでなく、政治・経済・科学技術分野で変化の必要を感じている人々が、「再生（regeneration）」という概念に関心を持ち始め、これから大きな動きになりそうな気配を見せているのが興味深いことです。現代社会における私たちの生き方が生態系を破壊し、それが原因で異常気象を起こしているのですから、生態系再生が必要なことは確かです。それを意識しながら、現在世界のあちこちで起きている「再生」を意識した活動を見ていきます。

タイトルが「リジェネレーション（再生）」そのものという本（『リジェネレーション（再

生〕――気候危機を今の世代で終わらせる』山と溪谷社）があります。編著者のポール・ホーケンは、環境に配慮したビジネスの必要性を提唱し、実際にそれを成功させていることで知られている人であり、現在の気候危機を今の世代で終わらせなければ未来はなく、それには地球上にいるすべての生命を再生する必要があると主張します。

ここで再生とは、あらゆる行動や決定の中心に生命を据えることであるとし、対象は農地や森林や海洋だけでなく人間も含むと言います。中心に生命を据え、そこに人間も入るとする考え方は生命誌と重なり、そこに自ずと貧困、食べもの、人権という課題が出てきているのが興味深いところです。

P・ホーケンが研究チームをつくって検討した結果、有効な方策として植林、環境再生型農業、野生生物対策が浮かび上がりました。常識的な結論に見えますが、科学的な検討の結果が常識と重なったのですから、私たちの生きものとしての感覚の大切さが明らかになったと言えます。ホーケンの世界観は、この本だけからでは明確にはわかりませんが、従来の進歩型ではないようですので、その活動に注目し学んでいきたいと思います。

植林も野生生物対策も重要ですが、サピエンスの歴史を踏まえて私たちの生き方を考えているこれまでの流れの中で注目するのは、土に注目する環境再生型農業です。興味深いのは

「それぞれの土地での食べられる在来植物の調査」です。これまで拡大・進歩という方向に問題があるとしてきましたが、それと共に問題なのが一律化であり多様化の消失です。すでに紹介したように、農耕がその始まった地域から他の地域へと広がっていく時、作物も一緒に広がっていきました。新しい土地でも、すでに前の土地で農耕に適するとされた限られた種、とくに穀物がつくられたのです。今もそれが続いています。

在来植物の調査は、その流れに疑問を呈するところから始まりました。ニューギニアに派遣された農業専門家ブルース・フレンチが、すでに作物とされている欧州由来のものの育て方を教えるというあたりまえのことをしようとしたら、学生から「在来植物で食べられるものを知りたい」と言われたのだそうです。思いがけないことでしたが、要望に応えて在来種を調べたところ、栽培種、野生種共に専門家が持ってきた外来種より栄養価が高いことがわかったとのことです。これを契機に、フレンチはそれから50年にわたって世界中の食べられる植物を調査し、3万1000種を見つけたのです。

これまでの農業は、コムギやオオムギ、ヒエ、アワに始まり、これにイネとトウモロコシが加わった主要作物で支えられてきました。それを各地で栽培しやすいように改良しながら、世界の食べものをつくってきたのです。ここで意識的に食べものをつくるという言葉を使いましたが、これまでの農業は「食糧生産」であり、この言葉に、一律に効率良い大量生産をめざす姿勢が示されています。

穀物が主要作物になったのは、それが目視、分割、査定、貯蔵、運搬に適し、「分配」できるからであるとジェームズ・C・スコットは指摘します（『反穀物の人類史――国家誕生のディープヒストリー』みすず書房）。早くから各地で栽培されていたマメやイモの多くは、土地単位で得られるカロリーが高く、栽培が容易であるのに、これを主要作物とする国家が生まれなかったのは、分配にはマメ・イモよりも穀物が適しているからだと言われると納得します（インカ帝国はトウモロコシとジャガイモを主としましたが、国に納める税はイモではなく分配に適しているトウモロコシでした）。

食べものと食糧はどう違うのか？

ここで、分配が意味を持つまでの歴史を駆け足で見ます。農耕を始めることで定住生活が通常になり、集団が大きくなっていきます。血縁社会と言える狩猟採集時代に比べて、多くの人が暮らす集落が生まれ、部族社会となります。ここでの人数はいわゆるダンバー数（150人ほど）、お互いに顔見知りという仲間であり、平等な社会です。

もっとも狩猟採集社会でも、集団で暮らしているうちにリーダー格の人、つまり首長は生まれます。ところで、アニミズムの社会は人間も動物も自然の中の同じ存在と見る考え方で動いています。中沢新一さんは「対称性」という言葉を使い、私たちの無意識の中ではたらいているのは対称性の思考だと言います。大橋力さんはアフリカのムブティの暮らしに「本来」があると気づいたとありますが、これは無意識と重なるだけでなく、ゲノムによってはたらく生きものとしてのヒトの暮らしのありようをも含み、生きものとして生きることにより近いものを示しているように思います。いずれにしても、私たちの身体と心の奥底にある本来や無意識は、平らなありようの中にある自分を見ていると言えます。そのような集団での首長は、もめ事を調停したり人々の暮らしに平穏さをもたらしたりする役割をする人であり、権力とは無縁です。

ところが、農耕社会に入り、本格的な定住社会になると出産が増え、しかもはたらき手を必要とすることから人口が増えます。顔見知りの平等社会というわけにはいかず、全体を支配する人が存在する社会になっていきます。こうなると首長は王になり、その周囲にそれを助ける役割の人が生まれるなどして、現在の官僚がいる国家に近くなります。その人たちは自分の食べものをつくらず、人々がつくったものを「分配」してもらう……ではなく分配させるようになります。今の言葉にするなら税として納めさせるわけです。こうして権力者が支配する国への道ができ、今に到ります。

生命誌では、農業を「食べものづくり」と言いたいのですが、通常は食糧生産という言葉が使われています。『新明解国語辞典』を引きますと、食べものは「動物が生命を維持するのに必要な、穀物・野菜や肉など（を料理したもの）の総称」とあります。カッコの中に〝料理したもの〟とあるところがいかにも新解さんらしいですが、まさに生きものが生きていくために必要なものという意味です。一方、食糧は「〔何日間で食べるというように計画的に用意される〕主食（としての米・麦など）」です。ここには、お国のために計画的に用意するという意味が込められているように思います。

生命誌では、農耕は「一人ひとりが楽しく生きることを支える食べものづくり」としたいのです。そうなると、権力者が支配しやすいような社会をつくるのに適した作物を選ぶ必要はありません。それぞれの地域で、その土地の持つ土と在来植物の力を生かして食べものをつくるという本来の農耕です。そこで、リジェネレーション（再生）、リジェネラティブな農業（環境再生型農業）として、今さまざまなところから提案され、活動が始まっている食べものづくりを農耕の基本に置いてこそ、将来につながる第一歩になると考えます。前述のフレンチが見出した3万1000種の中には、きっと面白い食べものがあるに違いありません。

現代社会の課題解決を求めるSDGsの動きから、土に注目する農耕の必要性が出てきているのは興味深いことです。ここから進歩・拡大の世界観が変わったら未来が見えてくると期待します。

29
農耕社会への移行――手なずけることの意味

支配、征服、操作を考え直す

ここで「『私たち生きもの』の中の私」という人間の立ち位置を再確認します。くどいようですが、これを忘れると土の話も緑の話も技術開発につながり、拡大志向になります。拡大・成長・進歩ではなく、循環や進化を考えなければ、自然を生かしながら80億人の食べものを生み出すこれからの農耕は成り立ちません。

そこで改めて確認しておきたい言葉が支配・征服・操作です。Y・N・ハラリが最近子どもに向けて書いた人類史のタイトルが『人類の物語――ヒトはこうして地球の支配者になった』（河出書房新社）です。話は農耕が始まる前で終わっているのですが、人間は物語をつくる能力と大勢で力を合わせるという独自の能力で、一番危険な動物になって世界を支配したとあります。

もっともハラリは現状を全面肯定しているわけではなく、「歴史から学べるのは過去だけではありません。歴史からは、ものごとがどのように変化するかを学ぶこともできます。（中略）歴史は、私たちが暮らしているこの世界が、もしかしたら違うものになっていたかもしれないことを教えてくれます」と言っています。本書でも考えたいことなので、次の言葉を見るとこうあります。「この世界を今のようにしたのは人間です。そして人間は、この世界を変えることができます。もしも世界に何かひどいことがあると思えるなら、もしかしたらあなた自身の力で、もっとよいものに変えることができるかもしれません」。まったく同じ気持ちです。

ただ一つ違うところがあります。「支配」という考え方です。「きみがとてもよい物語を考えだして、たくさんの人々がそれを信じれば、世界を征服できる」とハラリは言うのです。支配や征服という言葉から解放されて、「『私たち生きもの』の中の私」、そして「私たち人類の中の私」として考えれば、変える道はそれほど難しくなく見えてくるけれど、支配・征服という意識で現状を変えることはできるのでしょうか。わたしは「いいえ」と答えます。

「手なずける」という関係性

この問題を考えるには、狩猟採集から農耕への移行の時に生まれたもう一つの言葉を取り上げなければなりません。わたしが日本人だからでしょう。農耕と言えばまず田んぼを思い、次いで畑に植えられたさまざまな作物、つまり植物を思い浮かべますが、狩猟採集から農耕への移行では、牧畜が行われ、動物との関係が変わりました。「家畜化」です。農耕でも牛や馬を利用しますし、ニワトリを飼うなど家畜化は行われます。ここで出てくる言葉は「手なずける」または「飼いならす」です。

動物の場合、植物と違って人間からのはたらきかけだけでなく、動物の側から人間に向けてのはたらきかけもあるのが興味深い点で、オオカミから家族の一員になったイヌがその例です（11章）。

聴覚も嗅覚も人間より優れているオオカミは役に立ちます。狩猟採集生活者もだんだん定住を始め、その頃から従順なオオカミと人間の関係はさらに深くなり、農耕が始まる頃には「ヴィレッジドッグ」と呼ばれる存在となったとされます。ヴィレッジドッグはペットでもなければ、狩りに役立ったわけでもない存在でしたが、オオカミのような群れをつくることはなく、人間の生活圏の周囲にいて、個体数を増やしていきました。

イヌの系統樹を描くと、パレスチナからアフガニスタンに広がる西アジア、中国と日本を代表とする東アジア、そして北アジアの３地域で生まれています。柴犬と秋田犬は古代種と呼ばれ、狩猟犬として人間と長い間つき合ってきた仲間です。もっとも今私たちがイヌと呼ぶ仲間は19世紀になってつくり出されたもので、毎日我が家の前をお散歩するテリアやスパニエルやチワワを見ると、まさに人間の作品だと思えますが、それらもオオカミの子孫であることはゲノム解析が明らかにしています。

このようにして始まった動物との関わりは広がり、家畜（食べものにもなる）やペットは私たちの暮らしに不可欠な存在になりました。ウシ、ブタ、ウマ、ヒツジ、ヤギなどの他、限られた地域で活躍するトナカイやラクダ、ペットとして生活に深く入り込んでいるネコなど、それぞれの生きものと人間との関わりの生まれ方は、一つひとつ興味深いものがあります。そのなかでの「手なずける」という関係に注目します。

キツネを扱った興味深い実験

ロシア人、ドミトリー・ベリャーエフは、イヌ科の一つであるギンギツネで家畜化の実験をします。１９６０年頃のことです。繁殖場にいた数千匹のキツネの中からおとなしい個体としてオス30匹、メス１００匹を選びます。そこでかけ合わせをするのですが、生まれた子どもの中から従順な個体としてオス５％、メス20％を選び、またかけ合わせるという手順をくり返します。第４世代にはもう世話係が近づくとしっぽを振る個体が現れます。６世代になると積極的に人間に近づき、くんくん鳴くものも出てきました。人間との接触は抑えていたのにです。このようなエリートを選んでいくと、急速にそのような個体が増え、13世代でほぼ半分になりました。半世紀で完全にしぐさや目の動きで人間の意図を読み取り、人間の指図に従うようになったキツネたちは、興味深いことに垂れ耳や巻き尾、短い鼻面というように、まさにイヌっぽいのです。毛の色も銀色に茶の斑点が混ざったり、顔にも白斑が出たりするなど、家畜によく見られる様子に変わりました。この間に大きな変異が起きたとは考えにくく、本来持っていた性質が選択されたのでしょう。

ところで、巻き尾や垂れ耳は幼年期に現れるものであり、家畜ではそれが成体にまで続いていると考えられています。オオカミは社会性が高く、家畜化しやすいわけですが、キツネのように単独性を持つ種でも、人間が選択をしていけば同じ性質にできるのですから、動物はさまざまな性質を持っていると言えます。これは人間についても言えることでしょう（『キツネを飼いならす——知られざる生物学者と驚くべき家畜化実験の物語』青土社）。この実験については専門家から疑問が出されているところもありますが、興味深い物語です。

「手なずける」対象の拡大

狩猟採集から農耕への移行では、植物も「手なずける」対象です。野生のコムギもオオムギも小粒で、自然に落ちる、つまり脱粒する性質を持っていますから、そのままでは主食の材料にはなりません。脱粒しない大粒の種子をつける株が選ばれてきたのですが、ここには動物の場合のような相互作用は感じられません。ただ動物の家畜化の過程で、自分たちに都合のよい性質を選んでいきながら「手なずけ感」を味わった人々は、植物に対してもその感覚を持つようになったでしょう。よしよし思い通りになったぞという満足感です。

本格的な農耕社会になれば、生活の基本は動植物の生命操作の上に成り立ちます。ところで興味深いことに、手なずけた結果、種まきや水やりなどの作業や家畜の管理に長い時間を費やすことになったのです。それでは自由時間が減っていくではありませんかと問いたくなりますが、思い通りにしようという気持ちの方が強かったのでしょう。種まきをして作物がよく育つように土地を拓いたり、水路をつくるなどもしましたから、手なずける対象は自然全体へと広がり、「自然を手なずける」という感覚が、人間の中に生まれます。

さらに、はたらけばより多くの食べものが手に入るという思いが生まれたことも重要です。狩猟採集の時代は、獲物が得られればありがたくいただき、また必要になれば獲りに行くという暮らし方でした。必要なものが必要な時に必要なだけ手に入ることが、生活の基本だったのです。自然についての知識も充分あり、自然の中で上手に暮らす知恵は、恐らく私たち現代人より優れていたに違いありません。必要なものが手に入れば、後の時間はおしゃべりしたり歌ったり、さまざまな楽しみに使っていたと思われます。

農耕生活に入った私たちの祖先は、「自然を手なずける」という感覚を持ち、「必要なだけ手に入れるのではなく生産量の増加を求める」ことを始めました。食糧の増加が皆のよりよい生活——食生活の楽しみ、余暇の充実——につながったかと言えば、そうはならなかったことを歴史は示しています。人口爆発が起きて、それを支えるためにははたらかなければならなくなった上に、階級が生まれて、特別な人たちだけが食事を楽しむ社会になっていったのです。

自然を手なずけるという感覚は、「人を手なずける」ことにもつながります。集団を構成する人数が多くなると、人間同士の関係がフラットでなくなり、人間に対しても支配や操作の感覚が生まれるのです。

ヒトをも手なずける

「手なずける」つまり「飼いならす」という行為は人間の暮らしを支え、現代文明にまで続く発展へとつながりました。この流れは、人間も飼いならしていきます。アリス・ロバーツの『飼いならす――世界を変えた10種の動植物』(明石書店)では、10種の典型例としてイヌ、コムギ、ウシ、トウモロコシ、ジャガイモ、ニワトリ、イネ、ウマ、リンゴ、ヒトが語られます。一つひとつの種に手なずける過程の特徴と共通性とがあり、興味深いのですが、ここで注目するのは最後にヒトが置かれていることです。リチャード・C・フランシスの『家畜化という進化――人間はいかに動物を変えたか』(白揚社)でも同じように「自己家畜化」という言葉が出ています。このような見方は1930年代という早い時期にドイツの人類学者から出されました。

家畜化すると、イノシシからブタの場合に見られるように咀嚼《そしゃく》器官が退化して、長く出ていた鼻先が短くなりますが、人間でもまさにそれが起きています。皮膚や毛について色素の減少や貧毛、縮毛などが見られるところも共通しています。性差も小さくなります。人間は自分たちを家畜と同じようにしようとしているわけではありませんが、自然環境から離れて文化をつくり出していく過程が、家畜での「飼いならす」と同じことを求めたのでしょう。生活を管理の方向に向けていることは確かです。

なかでも興味深いのは、家畜の従順さです。人間は社会的動物であり、しかも協力行動を特色とします。この問題の研究で有名な米国のマイケル・トマセロは、協力についてヒトとチンパンジーの比較によって人間の協力的傾向を示しました。

協力が行われるには、①参加者が共同の目標を持ち、目標に対する責任感を共有する　②参加者が目標達成のために相補的役割を流動的に果たそうとする　③参加者は互いに助け合う　という三つが必要だと考え、これがチンパンジーには原則見られず、人間では小さな子どもにもあるということを示す実験をしました。印象的なのは、まだ言葉がはっきり話せない子どもでも、指さしをして相手の注意をそちらに向けさせるのです。相手に情報を与え、共有しようとするわけです。

人間の家畜化がこのような形で進み、野生動物に見られる攻撃性が少なく協力的行動をとるという方向が現れていることは、現代社会に生きる者としてむしろ積極的に評価し、それを生かしたいものです。

ただ現在使われる「自己家畜化」という言葉には、ここに止まらない問題意識のあることに気づかなければなりません。人間の場合、自身を自然環境から離し、操作しやすい人工環境の中で暮らすことを進歩として高く評価する文明をつくったために、家畜化がその文明に合わせる形で進んでいるのです。コントロールされた閉鎖空間を求めてビルを建てることになり、大型都市の建設、大量エネルギー消費の下での文明が、自然を破壊するだけでなく、人間が生きものであることを忘れさせています。

お互いに協力する暮らしをつくることが拡大・進歩・効率という価値観を持つ社会につながったために起きた問題であり、この価値観は見直す必要があります。

自然の持つ力に手を添える

狩猟採集から農耕への移行は、定住生活、つまり他の野生動物とは異なる人間（ホモ・サピエンス）独自の生活の始まりであり、従来、野蛮から文明へのすばらしい転換として評価されてきました。けれども支配・操作・拡大・階級などという、生命誌の立場で見ると現代社会の持つ問題点とせざるを得ないことがすべてここで始まっているのです。二足歩行を機に生まれた人間独自の能力を生かすのは当然ですが、その具体化が支配・操作・拡大・階級などにつながったという事実の前で今考え込んでいます。賢い人、ホモ・サピエンスとしての私たちの歩く道はこれだけだったのでしょうか。

だからと言って、農耕への移行を止めるという選択はありません。自ら考えてよりよいものを求め、新しい生き方を探ることをせずにはいられないのが人間であり、その一段階としての農耕には大きな意味があります。けれどもそこで、時に自然の大きさを受け入れ、時に一つひとつの生きものへの愛おしさを感じることが大事です。そこからは自然の一部である自身を大事にしながら、しかも謙虚さを失わない生き方を基本に置く仕組みを持つ社会をつくれないだろうか、生命誌はそれを願います。支配・操作ではなく、自然の持つ力に手を添えるという関わり方をすることです。

地域に根ざした農業を始めているところでは、女性の活躍が目立ちます。アグロエコロジーを成功させているアフリカのマラウイは、家父長制の強い社会ですが、この活動を通して女性が自立し男性が家事をするようになるという変化が起きているそうです。人間社会が自然の姿へとかえっていく様子が見られるのは興味深いことです。

30
土からの展開――農業、土木、環境

世界各地で始まった食と農の立て直し

80億人を超す人々の食べものをこれからも供給し続けられるか。気候変動、感染症などの問題が生じている中で、安心して食べられるものを必要なだけ生産できるだろうか。この問いは多くの人が持っており、世界規模での会議でもさまざまな提案がなされています。その提案のほとんどは技術による解決であり、具体的にはコンピュータ技術を用いたデジタル農業、ゲノム編集などの生命科学を活用するバイオ農業です。最近は国際機関や国、大企業などからAI農業が提案され、大きなお金も動いています。

テクノロジーを否定はしません。食べものづくりにも技術は必要であり、最新AI技術こそ最適という場面もあるでしょう。けれどもこのような提案は、大型化、成長、効率、一律という流れを加速するものとして出されており、本質的な見直しにはなっていません。生命誌絵巻の中に入って、生きものの一つとして考えなければ答えは出てこないのに、相変わらず絵巻の上から生きものたちを眺めて操作しようとしているのですから。

一方で、これまで述べてきたような土に注目する本質的な動きも確実に出ています。地域に根ざして農業に携わる人、子どもたちが良質の食べものを食べられるよう願っている親や先生たち、地方自治体や地域の協同組合などに属して、自分たちの生活は自分たちで組み立てるのが本筋と気づいた人々などが、食と農の立て直しに関心を示し行動しています。

この動きは世界のあらゆる場所で起きています。先端科学技術一辺倒に見える米国、先進国ではあるけれど伝統を大切にするヨーロッパ、さらには中国、アフリカ、中南米諸国などさまざまな国や地域で、地域に根づいた動きとして始まっているのです。現代文明がこのまま進むことはないということを示しているように思います。もちろん日本にもそれは見られます。先端テクノロジーと巨大資本による動きに比べて小ぶりですが、本質はこちらにあるので、徐々に大きくなっていくに違いありません。

杜をつくるということ

農業について考えているうちに自ずと土に目が向いたのですが、農業以外でも暮らし方の見直しをしている人たちの中で、土への関心が高まっていることがわかりました。非常に興味深いのが「土木」分野での動きです。もう一つは当然のことながら環境分野での関心で、これは農業とも土木とも関わります。つまり、土によって農業、土木、環境がつながっているのです。

土木と聞くと、人間が勝手に自然を壊し、人工物をつくっていくイメージがあります。次々と建設される高層ビルや、クモの巣のように広がる地下街で暮らす人々が、生きものとしての感覚を持ち続けることは難しいでしょう。そもそも土木という文字は土と木であり、そこに意味があるはずです。大型機械で樹《き》を伐り倒したり土を掘り起こしたりして、コンクリートの塊を次々並べていくのが土木であるというイメージから離れて、基本を考えてみなければならない時になりました。

元来土木は、暑さ寒さに始まり、雨や風などさまざまに変わる自然の中で、人々が安全で豊かに暮らせる環境づくりをすることです。道や橋をつくることに始まり、今ではダムや鉄道なども含む生活の基盤となるさまざまなインフラをつくる活動を指します。まさに社会資本の整備であり、食べることを支える農業と共に人間社会を支える基本です。動物たちも巣づくりをしますが、社会行動をする種でも、街づくりまではしません。街づくりをしているうちに自然に対しての操作、支配という意識が強くなり、私たちの生活は自然離れをし、自然を破壊する方向に進みました。現在の土木工事は、山を切り開いて宅地開発をしたり、都市に高層ビルを建築したりするものであって、自然や生きものとは遠いものになっています。

造園、土木を専門とする高田宏臣《ひろおみ》さんが生命誌に関心を持って下さり、話し合いの場を持ちました。高田さんの体験です。裏山のある土地に宅地造成をするために急傾斜の崖を削ってコンクリートの壁を築いたところ、裏山がみるみる荒れていったと言います。ツル性植物がはびこり、ヤブ状態になって、地表は乾燥したのです。２年ほどの後、壁の上にあったケヤキの大木が突然倒れました。高田さんは、土木工事で水脈を切り、土中にある水と風（空気）の流れを切ったからだということに気づきます。土が持つ力を考えて工事をし直したところ安定したとのことです。

目に見えない土中に水と風の道ができていれば、多くの微生物を含む生きものが暮らし、そこに生える樹の根は充分な空気と水を取り入れた健康な状態で、大らかに生息できるのです。このような状態の場所は、土砂崩れなど起こすはずがありません。このような体験から学んだことをまとめた『土中環境――忘れられた共生のまなざし、蘇る古の枝』（建築資料研究社）という高田さんの本には、土中にある「通気浸透水脈」の大切さが具体例をあげて書かれています。これは農業にも通じる話です。

高田さんは、このような考え方を持つようになったのは、土中の水と風の道の存在を指摘し、「大地の呼吸」という言葉を教えてくれた矢野智徳《とものり》さんから学ぶことが多かったからと語られました。矢野さんは「大地の再生技術研究所」主宰者であり、まさに土こそ基本という考え方で、土を生き返らせる再生医と言われています。

矢野さんには、わたしの庭で基本を教えていただきました。用いるのは小さな移植ゴテと草刈鎌だけで、土や草や木と話し合いながら小さな穴を掘ったり、伸びすぎた枝葉を刈ったりすると、確かに周囲の空気が変化していくのです。小さな崖でできている我が家の庭のあちこちにあけた小さな穴に堅い炭と落ち葉を入れていただいてから半年、庭の土が驚くほど軟らかくなり、植物が居心地よさそうになっています。数値の測定をしたわけではありませんが、庭に出た時の感触が違います。

矢野さんを追ったドキュメンタリー映画『杜人』で具体的活動が示されているのですが、ここで興味深いのが「杜」という文字です。鎮守の杜や屋敷林などの二次林に用いられます。

仙台を指す「杜の都」は、緑に恵まれた都市であることを表しています。この文字も気づけば「土木」です。本来土木とは、まさに杜をつくることだったのでしょう。水と空気の流れのある土の上に緑があり、そこで私たち生きものとしての人間が暮らしていく場をつくるのが土木であることを、忘れてはいけません。

他の生きものたちのように森だけで生きるのでなく、杜をつくって暮らそう。そのための技術として、土木はあるのです。矢野さんは実際に、北海道から沖縄までの多くの現場で大地が呼吸不全に陥っている現場に出会い、それを再生した体験を語ってくれます。

土木と環境にもつながる

狩猟採集生活から農耕へという移行は、農作業だけでなく、家を建て、火を使って暮らす生活の始まりを意味し、そこでの自然との関わり方が重要です。農業、土木、環境は、土によってつながっているのです。宮沢賢治の『狼森《オイノもり》と笊森《ざるもり》、盗森《ぬすともり》』は、畑を起こし、家を建てるにあたってはまず森にお伺いを立てるのが生きものとしての当然の礼儀であると言っているのではないか。今この作品を読むとそう思えます。

ところが人間はいつの間にか自分勝手になり、思うがままにさまざまな産業を、相互に関連なく進めます。自然を支配するのが人間の生き方だと思い、大量の資源を使い、大量消費をし、あげくの果てに大量廃棄をするのが豊かさと勘違いしているのです。農業も近代化と共に工業化の道を歩き始めはしましたが、作物が生きものであることから完全な自然支配、自然操作を可能にはできず、中途半端な形になっています。現代社会では、土木工事は農業とはかけ離れたものとして存在しています。

こう考えてくると、生命誌を踏まえて農耕を始める時は、食べものだけに目を向けるのでなく、土や木の力を生かしての暮らしすべてを構想するという意識が必要であり、まずはみんなが一緒に暮らす「村」と呼ぶのがふさわしい場を快適につくることが大事であることに気づきます。ただ、賢治の『狼森と笊森、盗森』でも、森と関わりながらも人間は家を大きくし、納屋をつくり、新しい作物の収穫を喜びます。その流れの中で、保存のきく穀物を集めることで支配階級が生まれ、国ができるという大型化、格差などの傾向が出てくるのは、歴史の示すところです。冒険を好み、創造力を持つ人間が豊かさ、幸せを求めて新しいことに挑戦していくのは当然ですが、拡大・成長・進歩を唯一の価値として生活全体を総合的に捉えず、自然離れをしていく社会は考え直さなくてはならないところにきています。

農耕文明の始まりをただ農業の始まりと捉えず、そこでの土木のあり方、環境への視線を重ね合わせて考えることはやはり重要です。今の言葉を使うなら、「街づくり」として全体を考えていくことでしょう。社会性を持つ人間がどのような集団をつくり、相互にどのような関係を持って暮らす場をつくっていくかという総合的視点を持つことです。もちろんそこでも「食べることは生きること、生きることは食べること」と言ってもよいほど食は生活の基本であり、そこを抜きにしては何も語れないという意識は重要です。具体的には「自分の食い扶持は自分で作る」のをあたりまえとすることでしょう。

これは25章で触れた農民作家、山下惣一さんの言葉であり、百姓を自任する山下さんの言葉からの学びはたくさんあります。山下さんの生き方は、生命誌的世界観をみごとに具現化しているものであり、これからの生き方を示しています。山下さんの聞き書き『振り返れば未来』というタイトルは、御自身のなさってきたことへの自信に満ちたみごとな言葉です。これからはこの生き方をしよう、いやこの生き方しかないというメッセージです。是非お読み下さい。

31

「『私たち生きもの』の中の私」の再確認

進歩から進化へ

地球上で豊かに暮らし続けるために現代文明のありようを見直すには、農耕の始まりから考え、土に注目する農耕システムをつくっていくこと、それは土木や環境ともつながるシステムにしていくものになるという見通しが立ちました。まず必要なのは、拡大・成長・進歩と支配・征服・操作からの脱却です。これらは、人間が自然の外にあり、自然を手なずけ、飼いならす存在になるということですし、この延長上では人間自身も飼いならされた存在になることはすでに見てきました。

「『私たち生きもの』の中の私」は自然の中にあるわけですから、自然を巧みに生かした循環の中で豊かさを求める道を探ることになり、ここで一番の基盤を土とします。文化・文明を持つ人間としての生活は、食べものづくりと共に家族が暮らす家づくり（土木・建築）に始まり、さまざまな道具、さらには機械をつくる作業が必要です。生活を支えるエネルギーは不可欠です。土に注目して農業を始める新しいサピエンス史は、家も道具もエネルギーも土から離れずに考えます。

進歩を見直すということは、新しいことをやらないという意味ではありません。生きものは絶えず変化し、新しい能力を手に入れたり、姿形を変えたりしてきました。進化です。バクテリアなどの単細胞生物に始まり、多様な生きものが生まれ、人間もその一つです。

ここで大事なのが、進歩と進化の違いです。進化は自然の中で周囲と関わり合いながら生じてくる変化であり、結果は多様化です。もう一つ大事なのは、古いものが続いているということです。生命誕生から間もなく生まれたであろうバクテリアは、今も存在しています。もちろん、バクテリアでも多様化は起き、さまざまな能力を持つものが生まれますが、生き方の基本は変わっていません。それだけでなく、最も新しく生まれた仲間である私たち人間の細胞でも、DNAを遺伝子としてその情報に従って合成されたタンパク質がはたらいているという基本は、バクテリアと変わりません。

それに対して進歩は、とにかく便利にしようとして一つの道を一直線に進み、一律化していきます。そして古いものはどんどん捨てていきます。

生きもののシステムは原則を変えずに40億年近く続いてきたのですから、持続することを考えたらみごとなシステムと言ってよいでしょう。あらゆる面から見て、これがベストだなどとは言いません。そもそも生きものの世界には、ベストという言葉はないように思います。あれこれ試しながら、なんとかうまくやっていく。多様に展開することで、全体としてロバストネス（頑強性、堅牢性）のある系をつくっているのであって、個別に見てベストはないのです。

社会性を持つ生きものとしての人間は、それぞれの地域で集合体をつくり、社会を構成しています。地球上のさまざまな地域の特性を生かした多様な社会です。まず進歩から進化への転換が不可欠であり、その鍵は多様性です。

それぞれの地域が、その地の自然に合った形で足腰の強い、豊かな、持続する生活基盤を農業によってつくることです。

支配、拡大でなく土を生かす

「生命誌的世界観」を持ち、「『私たち生きもの』の中の私」であることを意識しながら人間の特徴を探し、それを生かした生活様式を見てきました。狩猟採集生活は、本質的には他の生きものと同じく野生の動植物を食べて生き、子孫を残していくという生き方ですが、そこでも他の生きものにはない共食や共同での子育て、イヌの家畜化など、人間独自の暮らしぶりがあります。そこから見えてくるのは、仲間の気持ちを理解し、信頼し、協同する姿であることがとても印象的です。

もちろん、人間誰しも自分が一番大事であり、相手を妬《ねた》んだり、競争心を抱いたり、嘘をついたり……共感や信頼だけで事は動きません。ただ人間は、生きものの中で共感・信頼という気持ちが強いことは明らかなのですから、これを思い切り生かす社会をつくることに努めるのが、人間らしい生き方でしょう。

そこで生命誌は一つの方法として「『私たち生きもの』の中の私」から出発することを提案しているのです（図2）。40億年の時間と地球（時には宇宙）という広い空間の中で共に生きるさまざまな生きものの一つであることを意識し、共感や信頼の気持ちをその仲間すべてに抱くことができる21世紀の今、その外にある存在はなくなります。妬みや競争心などが消えることはなくとも、憎む（ヘイトする）敵はいないはずです。もちろん、人間の中に敵はありません。戦争はない社会です。他の生きものを見ても、競争はあるけれど、全体としては共生関係ができ上がっていることがわかります。一つひとつの生きものが懸命に生きながらでき上がる共生が生態系の姿です。

近年の研究では、狩猟採集社会には戦争はないとされます。日本の縄文時代もそうであったようです。ユートピアを夢想するのではありません。聖人君子の暮らす社会をイメージしているのでもありません。あれこれ恨みながらの日常であり、小さな争いはあるでしょう。ただ、自分の心に問うた時、戦争はバカバカしいという答えしか出てきませんし、身のまわりの人に聞いても戦争はすばらしい、戦争が好きだと答える人はいません。それなのになぜ、戦争は不可避のものとする社会になっているのかと考え、そうではない社会を構想してみたいだけです。

農耕が生み出したもの

狩猟採集から農耕への移行には問題点がありました。栽培できる作物はコムギ、コメ、トウモロコシであり、今もそれが主になっていますが、これらはデンプン質でありタンパク質やビタミン、ミネラルなど健康に不可欠なものは取りにくくなったのです。また限られた種を育てていると凶作の年には飢饉になります。人口が増え密集したために感染症が増えたという悩みもあります。

ここで、土を生かす新しい農業は作物の多様化をめざすものにすることが大事とわかります。生物多様性は農耕にとっても必要であり、それが健康を支えることになるのであり、自然の支配から自然を生かすという意識への転換が不可欠です。

農耕は格差を生んだという問題もあります。生産の主体となった穀物の特徴は、一時期に大量に収穫し、保存するというところにあります。

ここで物をたくさん持つ人と持たない人という違いができ、それはだんだんに身分の区別をつくり、格差のある社会へとつながっていきました。

このような経緯を見ていると、やはり穀物を大量につくって保管するという行為を中心にした農耕は、すでに人間の考え方を自然の中で暮らすというより自然を支配するという意識に変えていたのでしょう。これが現在まで続き、ついには生態系を破壊し、大気中の二酸化炭素を増やして異常気象に悩まされることにつながったのです。生きものの世界は多様で差異があり、それらがお互いに関わり合ってはいるけれど、すべてを支配するものはいないということは生命誌が教えてくれました。

食べる食べられるの関係、同種の中で子孫を残すための争いなど、いのちに関わる争いはありますが、力がどこかに集中し、格差が生じるシステムにはなっていません。

農耕を植物や家畜などの動物を支配する営みと捉えたのが誤りであったことは今、わかっています。農耕は土あってのものであり、山、森、河川、海あっての土、水、空気、太陽光あっての土なのです。それらすべてを理解した上でそこからさまざまな作物をつくり出すのが農耕であり、支配意識はなしです。自然の力を巧みに生かす賢さを持つのがホモ・サピエンス。季節ごとにとれる作物を上手に調理して皆で美味しくいただくのは人間の特権と言ってよいでしょう。

支配意識は拡大を求めます。事実、狩猟採集時代にはほとんど見られなかったとされる戦争が始まります。

その後、支配・拡大の誘惑は都市、貨幣、国などを生み、現代につながってくるのですが、この歴史はここでは触れません。これらに関わるさまざまな問題があることは事実ですが、根本的で大きな課題であり過ぎますので。農業のありようが変わった社会はどうなるか、ゆっくり考えるのがここでのテーマです。

ただ、「『私たち生きもの』の中の私」として土を生かす農耕を始めることで、支配、拡大とはべつの道、恐らくホモ・サピエンスとしては本来の道を歩くことはできるのではないかと思うのです。

「はじめに」に書いたように、地球やそこに暮らす生きものについての本格的研究は始まったばかりであり、身近なはずの生きものや土は複雑でまだわかっていないところだらけです。それを理解することに努めながら自然の力を生かして作物をいただいていくという謙虚な気持ちを基本姿勢とした暮らし方を探っていく必要があります。

最近の世界の動きを見ていると戦争を含めての権力争いの傾向が強くなっており、良い方向へ向かっているとは思えません。むしろ滅びの道を歩いているようで心配になることがあります。わたしは生来のんびり屋で、面倒なことは苦手です。1%でもよいところがあったら、そこを見て明るく過ごしてきました。日々の悩みは何とかなるさと思って、ぐっすり眠るタイプです。そんなわたしがこのままでは危ないと思うのは、人間の特性だと思っている「信頼」という言葉が社会の基盤になっているとは思えない状況だからです。本来共感が生み出す集団であるはずの社会が、大きな格差を持つものになり、しかもお金をたくさん手にしている人々の間で最近ラグジュアリー（luxury）という言葉が頻繁に使われ始めていると聞くと気になります。luxus は過剰という意味ですから、単に豊かさを楽しむというところを超えて、バカバカしいぜいたくの世界が生まれているとしたら、今地球が直面している課題にみんなで向き合うという姿勢からは程遠いことになります。本来の道からはまったくはずれています。

宮沢賢治の「みんな」を考える

農耕生活を始めることで、戦争や過剰なぜいたくへと向かわない、生きものとして生きることを楽しみ、宮沢賢治の言葉を借りるなら「ほんとうの豊かさ」「ほんとうの幸い」につながる道を歩くことを生命誌は求めます。

先に宮沢賢治の『狼森と笊森、盗森』に触れましたが、そこには農耕の始まりを思わせる光景が描かれています。

森に囲まれた小さな野原に四人の百姓が山刀《なた》や鍬《くわ》を持ってやってきます。四人の男の他におかみさんが三人、小さな子どもたちが九人いますので、数家族がやってきたということでしょう。ここで四人の男は森に向かって叫びます。

「ここへ畑起してもいいかあ」

「いいぞお」森が一斉にこたえました。

みんなはまた叫びました。

「ここに家建ててもいいかあ」

「ようし」森はいっぺんにこたえました。

その後で「火をたいてもいいか」「少し木を貰《もら》ってもいいか」と聞くと、森はどれにも「いい」と答えるのです。

農耕を始める時はこれでなければいけないでしょう。自然に対して礼を尽くすこと、許された範囲の行動をとることです。

このように自然の中で生きることを知っていると思われる人間ですが、実は「次の日から、森はその人たちのきちがい（現在禁句ですが、賢治の思いをそのまま受け止めるために用います）のようになって、はたらいているのを見ました」となるのです。ここです。食べていくには懸命にはたらかなければならないのは確かですが、私たち人間は頑張り過ぎるところがあることを森はお見通しということでしょうか。やり過ぎて本当の目的が見えなくなる危険を感じているようです。

この延長線上に今があることを考え、はたらき方を考えます。

実は最初一つだった小屋が三つになった時、子どもたちがいなくなります。ここで賢治は「みんな」が森に向かって「童《わらし》を知らないか」と聞いたと書きます。この時「みんなは、てんでにすきな方へ向いて、一緒に叫びました」。これは本書で考えている「私たち」です。それぞれが自分の思いで行動するのだけれど、協力し合っています。実は子どもたちは狼と一緒におり、御馳走になっていました。狼は森の力を代表する存在、見守りながら行き過ぎを心配しています。

賢治の農耕に対する思いは、生命誌から始めたわたしの思いとピタリと重なります。みんながそれぞれに、しかし協力して自然の意味をよく理解して礼を尽くしながら食べものをつくっていくのが農耕の姿です。大量に欲しい、他の人よりたくさん収穫し、力を持とうとして自然の仕組みを無視した暴走はしない生き方です。

森が求める生命誌的世界観

賢治の言う「みんな」、つまり「『私たち生きもの』としての私」に求められる世界観は「機械論」でなく「生命誌論」です。拡大・進歩・効率に価値を置き、大型化・一律化をめざすのではなく、内発的発展を求めて、むしろ小型・多様を大切にします。中沢新一さんの分析によれば、形而上学革命を行った近代の西ヨーロッパで「一神教」「国民国家」「資本主義」「科学」を有機的に結合した現代社会がつくられました。それが世界中に広がっているのが今です。ここにあげた一つひとつの事柄は、それぞれ意味があって生まれ、その役割を果たしてきた――今ももちろん果たしているのであり、それぞれ評価が必要です。けれども、これらが合わさってできている今の社会に、さまざまな問題があることも事実です。これらを絶対のものと捉えずに、生き方を考える必要があります。

生命誌から生まれる世界観を具体的に示すために、私たちが暮らすのは「炭素社会」であるという例を考えます。

地球は今温暖化を通り越して「沸騰」ではないかという声も聞かれます。面倒なのは、気候という現象は一対一の因果関係で説明できるものではないということです。因果で考えることに慣れている私たちは、現在の温暖化の原因は私たちの暮らし方にあり、即刻その見直しをしなければならないという気持ちになりにくいのです。でも、生きものの歴史、人類の歴史を追うなら、自然離れをして、自然から独立した世界をつくることはできないし、それが快い生き方とは言えないことがわかります。

最近「水素社会」という言葉をよく聞きます。人間が二酸化炭素を排出し過ぎ、それが温暖化の原因だというのなら、エネルギーを水素で支える社会をつくればよいではないかという発想です。確かに水素を燃やした時に出るのは水ですので、なんだかとても良い考えに見えますが、水素をどのようにして手に入れ、どのように循環させるのでしょう。そんな世界をつくれるのかと考えると、疑問が次々生まれます。自然界は炭素の循環でできており、その中に私たち人間も存在しているからこそ、その中でエネルギーを得る生活ができているのです。

狩猟採集生活では、豊かな森林や海の中のプランクトンなどが光合成で固定してくれる炭素で充分、いや充分過ぎるほどでしたから、恐らくその生活であれば何の問題もなく暮らし続けられたでしょう。けれども農耕を始め、さらには工業化、情報化社会へと進んだ今、地球の持つ循環能力をはるかに超える二酸化炭素を排出しているのです。この問題の解決は、炭素循環についてよく知り、循環が滞りなく進むような暮らし方を考え出すというところにしかありません。

小惑星「リュウグウ」で採取したサンプルの中に炭素化合物が存在し、RNAの成分であるウラシルやニコチン酸（ビタミンB3）など、生きものに必要なものが見つかっています。生きものをつくる炭素化合物は宇宙に存在するということであり、恐らく私たち地球上の生物と同じような生きものが他の星にもいるだろうと考えられます。自然の姿を考えた時、炭素化合物を主軸とする系の存在が自ずと浮かび上がるのですから、この宇宙で暮らす生きものは炭素を主軸とした系になると考えられます。「水素社会」はありません。人間はどのような存在であるかを忘れて一面的に科学技術を進めるのは、未来へと続く生き方ではありません。40億年という生きものの歴史を否定して、まったく新しい機械としての人間が存在するという選択があるとは思えません。46億年の地球、40億年の生きものの歴史を踏まえた未来を考えるのが妥当でしょう。それには森との会話から始め、土を生かした農耕を基本に置くことです。

生成AIの登場で問われること

生きものの歴史を踏まえるということは、「機械論的世界観」で動かないということです。情報化社会という言葉が使われて久しく、パソコン、スマホなどは日常語になっています。電車の中でスマホを見ていない人を探すのが難しい状態です。AIが大活躍、特撮や将棋・囲碁はAI抜きでは語れなくなりました。2022年に「チャットGPT」という人間と話し合い、質問するとデータをかき集めて役立ちそうな答えを返してくれる生成AIが登場し、日常のお知らせ文に止まらず、論文も書きます、俳句もつくりますとなると、AIが人間を超えるという言葉も語られます。これは、人間は機械（この場合コンピュータ）と同じであると見ていることになります。

詳細に触れる余裕はありませんが、生きものは自己創出する能力を持っており、唯一無二のものを生み出します。生命誌では、遺伝子の持つ情報に従って自己を創出するのが生きものとしています。これをより一般化した「オートポイエーシス」という言葉がありますが、生きものについては、自分で自分をつくる「自己創出」という言葉が適切です。この能力は機械にはありません。生きるという現象のメカニズムだけ見るなら、分子を部品とする機械として生きものを見ることができますが、自己創出という点で機械ではありません。「人間は生きものであり、機械ではない」という一見あたりまえのことを確認しなければなりません。

ＡＩは道具として使いこなすものであって、人間の代わりをするものではなく、ましてや人間と比べてＡＩが人間を超えると考えるのは間違いです。人間として生きること、つまり自分の身体と脳を使って考え、判断し、行動することが私たちが存在している意味だということを忘れたらどうなるでしょう。

『サピエンス全史』を書いたＹ・Ｎ・ハラリは、人類は長い間苦しんできた「飢饉と疫病と戦争は対処可能な課題になった」と書きましたが、まったくそうではないことは誰の目にも明らかです。農耕社会以来の人類の発展は、本質的に飢饉と疫病と戦争への賢い対処とは言えない方向へ動いてきました。世界中の子どもが安全で美味しい食べものを口にして笑顔になり、疫病への対処は充分で戦争などしない社会を意識して、私たちの暮らし方を考えることがとても大事になっています。農耕の進め方から考え直し、自分でよく考え、生き方を探っていく他ありません。

32

本来の道を求めて――土から始める

日本で食事を満足に食べられない子どもたち

「はじめに」で述べた本来の道をどのようにして歩み始めるか。これまで述べてきたことを改めてまとめます。まず二つの図を眺めて考えてきました。一つめは「生命誌絵巻」(図3)。これは「人間は生きもの」というあたりまえのことを生命科学が明らかにした事実をもとに描いた図です。もう一つの図は、生きものである私は常に『私たち生きもの』の中の私」から出発することを示した図2です。

世界中が変化しなければならないわけですが、神様でもなければ一声で全体を動かすことなどできるはずがありません。しかし、さまざまな地域や組織などで進歩一辺倒の流れを変えようとする動きがあることは確かですので、その中でとくに自然を意識した活動に注目し、それらが地域に定着するように努めることはできます。見直しの基本は拡大・進歩・一律で動いている社会から、多様性を生かし、地域の特性を生かした社会への転換ですから、時間をかけて変化していくのが本来の姿であり、性急になってはいけないのでしょう。

わたしは「今をていねいに生きること」が好きです。権力を手にしたいとか、大金持ちになりたいとか、大偉業を成し遂げたいという望みは持っていません。たまたま日本列島に生まれ、四季のある美しい自然の中で小学校4年生の時に敗戦を体験して以来、直接戦争に巻き込まれない平穏な日々を幸せと感じながら過ごしてきました。この平穏さが続いて欲しいのです。

ところが最近、心がザワザワするようになってきました。きっかけの一つは、日本の中に毎日の食事を楽しく食べるというあたりまえと思ってきたことのできない子どもたちが7人に1人という割合でいるという現実を知った時でした。世界を見れば貧しい国があり、そこには、日々の食事を満足にできない子どもたちが大勢います。それは大きな問題であり、考えなければならないことです。けれども先進国と言われ、豊かとされる日本の中に食事のとれない子どもがいるという事態は、それ以上に許されないことなのではないでしょうか。

先進性と豊かさを求める新自由主義と金融資本主義、それを支える新技術を生み出す科学によって動いている社会に歪みがあると考えずにはいられません。経済成長という一つの物差しが示す、拡大・成長・進歩をよしとし、そのために効率だけに価値を置いた現代社会は、誰もが生き生きと暮らせる場になっていないのです。過当な競争、そこでの敗者は自己責任とされてしまう冷たさは、人間を大切にする社会とは言えません。

この35年ほど生命誌という新しい知を創り、「人間は生きものであり、自然の一部である」というあたりまえのことを出発点にして、「生きているとはどういうことか」「どう生きるか」について考えてきたわたしにとって、これは自分事として考えなければならない課題です。そこで、これまでの研究を踏まえて、日常を生きる人間に目を向けてみよう、そこに心のザワザワを消す答えがあるかもしれないと思い始めました。これで明快な答えが出るという保証はないけれど、生命誌の中の人間、すなわち40億年という長い生命の歴史の中で生まれた多様な生きものの一つとしての人間を、日常の人間につなげて考えました。

私たちの中の私

そこで生まれたのが「私たちの中の私」という切り口です。現代社会が求める個の確立は重要です。生命誌の中の生きものである私は唯一無二の存在であり、私が私であることの大切さはそこからも見えてきます。けれども一方で、私はＤＮＡの入った細胞から成る生きものとしては、他の生きものすべてとつながっており、私が私としてだけ存在することはありません。常に「私たちの中の私」なのです（図２）。

日常の中の人間も、ただ一人で存在することはなく、常に「私たち」の中にあるものです。お一人様と言いますが、一人で生きている人はありません。どのような形にせよ、まず思い浮かぶのが家族でしょう。図に示したように、その関係はさらに広がり、学校、職場、地域などの仲間となり、さらには日本列島に暮らす仲間（そのほとんどが日本人と呼ばれる人たちですが、日本国籍を持たなくとも、私たちという意識が生まれます）、そして人類というように「私たち」は広がります。

これが普通の感覚であることは認めた上で、ここではあえて「『私たち生きもの』の中の私」という意識を出発点にすることを提案してきました。生命誌は、私とは「『私たち生きもの』の中の私」であるという事実を示しましたので。

たとえば今、私たちが解決しなければならない二酸化炭素排出抑制という課題、それに向けて国連が提案したＳＤＧｓという運動を見る時、そこで必要なのは地球レベルでの発想であり、「『私たち生きもの』の中の私」という感覚でしょう。

それは生命誌絵巻の中にいる私です。長い時間と多様な生きものたちとのつながりの中にいる私から始めると、図2にあるように地球とのつながり、宇宙とのつながりも感じられ、大らかな気持ちになります。その中にいる人類の一員としての私、つまり「私たち人類の中の私」と思えば、とても近い仲間意識が生まれ、権力争いをして武器を持って戦うことなどバカバカしくなります。ましてや核兵器の開発に意味があるとは思えません。しかも地球の上に暮らす仲間という意識も生まれ、この星の上で争うことの無意味さを実感するでしょう。

人類の歴史は戦争の歴史だったではないか。戦争のない社会などあり得ない。そう言われても、スパルタ人も信長もナポレオンも、地球上の生きものすべてが共通祖先から生まれたこと、人類は皆、アフリカにいた少数の人々を祖先とする仲間であることを知らなかったのです。それを知った上でどう生きるかを考えるのが今であり、そこでは戦争はないと考える方が合理的です。地球という星を大切に思う気持ちも含めて。

ところが現実には、信長やナポレオンではなく今を生きるリーダーたちが戦争を引き起こし、実戦を行ってはいなくても戦闘の準備をするのがあたりまえという状態になっています。不戦を明言する憲法を持つ日本の首相が、戦闘中の国を訪れ、停戦への道を探る提案をするのでなく必勝と書いたしゃもじを贈るのですから。権力を求め、経済力を生かしての戦争の無意味さは明らかですのに。

世界中で盛んに行われている生命科学研究は、「『私たち生きもの』の中の私」という事実を明らかにしながら、それを生かした社会へ向けての活動をしてはいません。生命科学者自身が経済成長という一つの物差しが示す拡大・成長・進歩をよしとし、効率だけに価値を置いて研究成果を活用することを社会に役立つ行為と考えています。

これまでにくり返し述べてきたように、これは機械論的世界観であり、人間をも機械のように見ています。これは誤りです。人間は生きものなのですから。生命誌は素直に人間を生きものと捉える「生命誌的世界観」を持っています。このあたりまえの事実を基本に置いた世界観を、社会全体のものにするための努力をしなければなりません。

農耕という原罪

そこで「生きものとしての人間」、つまりホモ・サピエンスとはどのような生きものとして地球上に現れたのかということを見ました。そこで見えてきたのが、決して強い種とは言えず家族、地域集団などが協力して生きる姿でした。現在と同程度の脳の大きさで上手に対処できる集団が150人程度ということもわかりました。そこから出発して現代社会のような人間のありようまでの流れを見ると、浮かび上がってくるのが農耕社会の始まりでした。

そこで浮かんだのが「『私たち生きもの』の中の私」という生き方、つまり「生命誌的世界観」に基づいて農耕を始めたらどうだろうという問いです。拡大・成長・進歩という価値観の中で行われてきた農業が環境破壊、健康被害につながるなどの問題を起こし、その見直しの動きが出ていることはよく知られています。

一つは歴史学者の中から生まれました。人類史の中の農耕について、〝農耕は最大の詐欺である〟〝パンドラの箱を開いた〟という言葉が聞かれるようになったのです。狩猟採集生活から農耕への転換は、ある時突然始まったものではないのは当然です。狩猟採集をしながら、いわゆる園芸という形、つまり実のなる木を植えたり、植物のタネをまいて育ってくるものを収穫したりする作業は少しずつ始まっていったでしょう。徐々に農耕も始まり、食べものが次第に安定して手に入るようになると、人間の数が増えます。

本来の狩猟採集生活の場合、動物を獲りつくすことはありません。人口も少ないですし、生きものとして自然のバランスがわかっていたのでしょう。ところが農業によって食糧の入手が安定化し、しかも人口が増加していく中で、人々は「ただのハンターではなく、より破壊的なハンター」になっていくと、動物学者コリン・タッジは言います（『農業は人類の原罪である』新潮社）。アメリカ大陸やオーストラリアでの大型動物の絶滅はこのようにして起きたのだとも指摘します。農耕を始めることが人口増加と自然生態系の破壊という問題を生み出したというのが、原罪の意味です。

現代社会で考えなければならない人口問題や環境問題の原点ここにありということです。良質な食べものを安定した形で手に入れることは私たちが生きていくために不可欠ですから、農耕を始めない人類史はあり得ません。けれども人口も含め、ただ拡大し、さらに進歩をすることが生態系の中で上手に生きられない状況を生み出すのだとしたら、そうではない形で農耕文明を始めなければいけなかったでしょう。

農耕の歴史を見ると、今の農業の中で最も基本とされる土の準備と品種改良は、最近になって注目されるようになったことがわかります。ＤＮＡ研究が進み、作物一つひとつの性質を科学的に知り、味や栄養などまで改善する品種改良ができるようになりました。土の中の生態系を理解し、地上の生態系と同じく、というより、それ以上にそれを健全にすることがどれほど重要であるかがわかってきました。作物や土の本質を理解し、それをどのように生かしたらよいかがわかってきたのです。そこから始まる農耕文明がつくる社会を考えるのが今後の課題です。

拡大・進歩を問い直す

もう一つの問題は、拡大・進歩こそよりよい社会をもたらすという発想です。地球上に生まれた生態系の中で上手に生きることが良い社会であるとわかっている今、進歩ではない進化の道が見えています。人口が大きいことが国の力であるという考え方は、暮らしやすい社会を保証しません。80億人は多過ぎます。もちろん、現存する人々の存在を否定するものではありませんが、数の増加を求めない成熟の時が来ています。

日本は今、少子化を問題にし、その解決を経済的支援に求めていますが、これは現在の社会の歪みを象徴しています。人間は生きものであり、子孫が続いていくことを願うものですから、生きものとして生きやすい状況であれば、誰もが子どもを持ちたくなるはずです。今の社会が生きにくいので、子どもを残す気持ちにならない……そこを変えずに子どもを産んだらお金をあげますという考え方は、生きものとして生きるという生き方からは大きくはずれています。しかも、子どもを求めるのは社会を支える労働力としてであり、数で見ています。

労働力であれば、ＡＩやロボットで対応するのが筋でしょう。そのような対応で現在の年齢分布の歪みを乗り越え、日本列島の自然を思う存分楽しみながら暮らす社会を求めた時の適切な人口を探る必要があります。

福祉や教育などについて考える時、参考事例としてあげられるのが北欧の国々ですが、たとえば、スウェーデン、ノルウェー、フィンランドのいずれもいわゆる大国ではありません。スウェーデンの人々はいつも国の動きを自分事と受け止めています。チェルノブイリでの原発事故の後、長女の下宿先だった家の老夫婦が以前に国内の原発を止めるか否かを決める国民投票をしたことを熱心に話してくれました。スリーマイル島の事故後のことで、その時停止を決めた原発は、その後のエネルギー事情により再開します。当時の人口が８００万ほどでしたから国民投票もできるわけです。人口で国力を語る時代は終わっているのではないでしょうか。

日本列島でも一極集中ではなく地域に分散し、それぞれの地域に合った形で食べものをつくり原則地産地消、それぞれの特産品は全国に流通させて皆で楽しむのが、本当の意味での良質の暮らしにつながるのではないでしょうか。地球に届くエネルギーは太陽からのものであり、それを使って生命体が生成した炭素化合物を利用して生きるのが本来の姿です。長い間に蓄積した石炭、石油などを短時間に大量消費したのは間違いだということは明らかであり、「太陽エネルギーをいかに使うか」というところにしかエネルギー問題の解決はありません。

いわゆるソーラーだけでなく、自然エネルギーのすべてが本来太陽からのものです。石炭、石油も元は太陽エネルギーであり、それを意識して使い方を考えるのが賢い利用法です。それ以外にあり得るのは核分裂と核融合ですが、核分裂、つまり原子力発電は廃棄物の問題がありますし、核融合は現状では実現の見通しは立っていません。

太陽のおかげで生きると考えれば、分散型社会で、小さな単位を大切に暮らすことになります。このような動きは各地域では盛んになっており、いろいろなところに招いていただき勉強しています。現場で実感するのは女性の活躍です。女性の社会進出という言葉で語られるのは政界や財界、学界の中心にどれだけの女性がいるかという数のことですが、このような場に入ると相変わらず新自由主義の亡霊のもと一律競争、拡大の中で地位を得なければならず、未来へ向けて暮らしやすい社会をつくる活動は難しくなります。笑顔で地域で活躍する女性たちこそがこれからを担う人になることが期待されます。そこでは高齢の人も知恵を生かして若い人と共に新しい道を探る活動に参加する姿がよく見られます。新しい道は生きものとして古来の知恵を生かすものですので、こうした継承は大切です。もちろん男性はダメなどと言うつもりはありません。権力型でないというだけのことで、暮らしやすい社会を模索する男性にも多く出会っていますので。

このような社会をイメージして、農耕文明から考え直したら土が見えてきました。さまざまな問題があるでしょう。どのような答えを出したらよいのか。これぞ正解というものがあるのか。わからないこともたくさんありますが、少なくとも現在の社会の生きにくさから逃れて明るく暮らす方法を皆で考え、小さな変化を積み上げていくことが大切で、この難関を乗り切る道につながる一つの切り口として、土が重要であることは確かです。それが未来につながる本来の道になるでしょう。考えれば考えるほど、とてもあたりまえのことを地道にやるというところにしか答えはなさそうです。青い鳥はいつも身近にいるようですから。

最後に一つ。農耕という文字には耕すという文字が入っています。耕すは英語でカルチャー、文化を意味します。農耕への移行が人間らしさの始まりであり、まさに豊かな文化を持つ存在として生きていくことを意味したのです。ところで今、不耕起が注目されていると書いてきました。カルチャーがなくなること……、そう考える必要はありません。食べものづくりの始まりが文化への道、さらには文明への道だったことは確かなのです。耕すという文字を見直すことで、これまでの文化・文明のありようを再確認し、新しい方向を探ることにつなげると考えるのがよいと思っています。

おわりに

このままでよいのだろうかと思う日々が続いています。今日より明日が少しでもよい日であるように。次の世代の人たちが明るく暮らせる社会にしたい。そのような気持ちで生きてきたのですが、人生最後の段階にきて、私が暮らしたい社会、子孫につなげたい社会とはかけ離れた状況になりました。

お金に振り回され、それが納得のいかない大きな格差を生み、まじめに生きている普通の人が貧困に苦しむのはおかしいです。異常気象、パンデミックなどなど、地球での暮らし方を間違えているために起きていることに真剣に向き合わないだけでなく、戦争まで始めるのですから人間って何なのだろうと思わざるを得ません。

何だか落ち着かず日々追い立てられる感じで暮らしている方が多いのではないでしょうか。人工知能（ＡＩ）が普及し、チャットＧＰＴが人間を超えると脅されます（人間はかけがえのない存在としてあり続けると思っていますが)。地球での賢い暮らし方ができているとは思えないのに、宇宙開発という声が大きくなっています。私たちはまず〈今ここ〉を大切にしなければならないのに、〈いつかどこか〉の未来へ向けて競って走れと強いられているのです。その未来がどのようなものかもわからないまま。

私たちは生きものであり、今という時を一つひとつていねいに紡いでいくものだということを忘れて、ただ追い立てられ、競うのは間違った生き方です。

人間は生きものという当たり前のところに戻らなければ、納得のいく社会にはならないと思って考えました。そして、日々考える過程を記しました。自分でもヨタヨタしているのがよくわかりますが、でも方向は間違っていないと思っています。

思いはあるけれど、考えはまだまだという状態で「トイビト」に毎月書かせていただいたのが始まりです。ありがとうございます。それのまとめに協力して下さった、中央公論新社の黒田剛史さんを始めとする編集の皆様のお蔭で本の形になりました。心からのお礼を申し上げ、これから考え続けていくことをお約束して筆を措きます。

中村桂子

2024年6月

主要参考文献

稲村哲也、山極壽一、清水展、阿部健一編『レジリエンス人類史』京都大学学術出版会　2022
岩田慶治『カミと神――アニミズム宇宙の旅』講談社　1984
大森荘蔵『知の構築とその呪縛』ちくま学芸文庫　1994
レイチェル・カーソン、青樹簗一訳『沈黙の春』新潮文庫　1974
同、上遠恵子訳『センス・オブ・ワンダー』新潮文庫　2021
金子信博『ミミズの農業改革』みすず書房　2023
北野収、西川芳昭編著『人新世の開発原論・農学原論――内発的発展とアグロエコロジー』農林統計出版　2022
モーテン・H・クリスチャンセン、ニック・チェイター、塩原通緒訳『言語はこうして生まれる――「即興する脳」とジェスチャーゲーム』新潮社　2022
古東哲明『瞬間を生きる哲学――〈今ここ〉に佇む技法』筑摩選書　2011
酒井邦嘉『言語の脳科学――脳はどのようにことばを生みだすか』中公新書　2002
同監修、日本科学協会編『科学と芸術――自然と人間の調和』中央公論新社　2022
佐々木正人『新版　アフォーダンス』岩波科学ライブラリー　2015
パット・シップマン、河合信和ほか訳『ヒトとイヌがネアンデルタール人を絶滅させた』原書房　2015
志村ふくみ『野の果て』岩波書店　2023
ジェームズ・C・スコット、立木勝訳『反穀物の人類史――国家誕生のディープヒストリー』みすず書房

２０１９
千住博『芸術とは何か――千住博が答える１４７の質問』祥伝社新書　２０１４
ジャレド・ダイアモンド、倉骨彰訳『銃・病原菌・鉄――一万三〇〇〇年にわたる人類史の謎』（上下）草思社文庫　２０１２
同、レベッカ・ステフォフ、秋山勝訳『若い読者のための第三のチンパンジー――人間という動物の進化と未来』草思社文庫　２０１７
高田宏臣『土中環境――忘れられた共生のまなざし、蘇る古の技』建築資料研究社　２０２０
リー・アラン・ダガトキン、リュドミラ・トルート、高里ひろ訳『キツネを飼いならす――知られざる生物学者と驚くべき家畜化実験の物語』青土社　２０２３
コリン・タッジ、竹内久美子訳『農業は人類の原罪である』新潮社　２００２
ロビン・ダンバー、松浦俊輔ほか訳『ことばの起源――猿の毛づくろい、人のゴシップ』青土社　１９９８
鶴見和子『鶴見和子曼荼羅Ⅵ　魂の巻――水俣・アニミズム・エコロジー』藤原書店　１９９８
堂目卓生、山崎吾郎『やっかいな問題はみんなで解く』世界思想社　２０２２
エマニュエル・トッド、荻野文隆訳『世界の多様性――家族構造と近代性』藤原書店　２００８
マイケル・トマセロ、橋彌和秀訳『ヒトはなぜ協力するのか』勁草書房　２０１３
中村桂子『科学者が人間であること』岩波新書　２０１３
同『ウイルスは「動く遺伝子」――コロナウイルスパンデミックから見えてきた、新しい生命誌のあり方』エクスナレッジ　２０２４
服部英二『転生する文明』藤原書店　２０１９

ユヴァル・ノア・ハラリ、柴田裕之訳『サピエンス全史――文明の構造と人類の幸福』（上下）河出文庫　2023
同『21Lessons――21世紀の人類のための21の思考』河出文庫　2021
同『ホモ・デウス――テクノロジーとサピエンスの未来』河出文庫　2022
同、リカル・ザプラナ・ルイズ、西田美緒子訳『人類の物語――ヒトはこうして地球の支配者になった』河出書房新社　2022
福岡正信『自然農法　わら一本の革命』春秋社　1983
ゲイブ・ブラウン、服部雄一郎訳『土を育てる――自然をよみがえらせる土壌革命』NHK出版　2022
リチャード・C・フランシス、西尾香苗訳『家畜化という進化――人間はいかに動物を変えたか』白揚社　2019
オギュスタン・ベルク、木岡伸夫訳『風景という知――近代のパラダイムを超えて』世界思想社　2011
ポール・ホーケン編著、江守正多ほか訳『リジェネレーション〔再生〕――気候危機を今の世代で終わらせる』山と溪谷社　2022
宮沢賢治『なめとこ山の熊』
同『狼森と笊森、盗森』
山下惣一、佐藤弘　聞き手『振り返れば未来――農民作家山下惣一聞き書き』不知火書房　2022
ユクスキュル、クリサート、日高敏隆ほか訳『生物から見た世界』岩波文庫　2005
アリス・ロバーツ、斎藤隆央訳『飼いならす――世界を変えた10種の動植物』明石書店　2020
和辻哲郎『風土』（『和辻哲郎全集』第8巻）岩波書店　1962

中村桂子　Nakamura Keiko

1936年東京生まれ。JT 生命誌研究館名誉館長。東京大学大学院生物化学専攻博士課程修了。理学博士。国立予防衛生研究所をへて、71年三菱化成生命科学研究所に入り、日本における「生命科学」創出に関わる。生物を分子の機械ととらえ、その構造と機能の解明に終始する生命科学に疑問を持ち、独自の「生命誌」を構想。93年「JT 生命誌研究館」創立に携わる。早稲田大学教授、東京大学客員教授、大阪大学連携大学院教授などを歴任。『自己創出する生命』（ちくま学芸文庫）、『生命誌とは何か』（講談社学術文庫）、『科学者が人間であること』（岩波新書）、『中村桂子コレクション・いのち愛づる生命誌（全8巻）』（藤原書店）、『老いを愛づる』（中公新書ラクレ）など著書多数。

中公新書ラクレ 819

人類《じんるい》はどこで間違《まちが》えたのか

土《つち》とヒトの生命誌《せいめいし》

2024年 8 月10日初版
2024年10月30日 3 版

著者……中村桂子《なかむらけいこ》

発行者……安部順一

発行所……中央公論新社
〒100-8152 東京都千代田区大手町 1-7-1
電話……販売 03-5299-1730　編集 03-5299-1870
URL https://www.chuko.co.jp/

本文印刷…三晃印刷　カバー印刷…大熊整美堂　製本…小泉製本

Published by CHUOKORON-SHINSHA, INC.
Printed in Japan　ISBN978-4-12-150819-5　C1236

中公新書ラクレ　好評既刊

ラクレとは…la clef＝フランス語で「鍵」の意味です。
情報が氾濫するいま、時代を読み解き指針を示す
「知識の鍵」を提供します。

L753

エリートと教養
―ポストコロナの日本考

村上陽一郎 著

政治家は「言葉の力」で人々の共感を醸成できるのか？　専門家は学知を社会にどのように届けるべきか？――不信感と反感が渦巻く今こそ、エリートの真価が試されている。そこで改めて教養とは何か、エリートの条件とは何か、根本から本質を問うた。政治、日本語、音楽、生命……文理の枠に収まらない多角的な切り口から、リベラル・アーツとは異なる「教養」の本質をあぶりだす。『ペスト大流行』の著者、科学史・文明史の碩学からのメッセージ。

L759

老いを愛づる
―生命誌からのメッセージ

中村桂子 著

白髪を染めるのをやめてみた。庭の掃除もほどほどに。大谷翔平君や藤井聡太君にときめく――年を重ねるのも悪くない。人間も生きものだから、自然の摂理に素直に暮らしてみよう。ただ気掛かりなのは、環境、感染症、戦争、成長一辺倒の風潮。そこで、老い方上手な諸先輩（フーテンの寅さんから、アフガニスタンに尽くした中村哲医師まで）に学び、次世代につなぐ「命のバトン」を考えたい。生命誌のレジェンドが綴る、晩年のための人生哲学。

L765

生き物が老いるということ
―死と長寿の進化論

稲垣栄洋 著

イネにとって老いはまさに米を実らせる、もっとも輝きを持つステージである。人間はどうして実りに目をむけず、いつまでも青々としていようとするのか。実は老いは生物が進化の歴史の中で磨いてきた戦略なのだ。次世代へと命をつなぎながら、私たちの体は老いていくのである。人類はけっして強い生物ではないが、助け合い、そして年寄りの知恵を活かすことによって「長生き」を手に入れたのだ。老化という最強戦略の秘密に迫る。

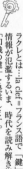